도시의 프롬나드

매력적인 거리디자인의 재발견

ARUKITAKUNARU MACHI-ZUKURI
by Association of New Urban Housing Technology
Copyright ⓒ 2006 Association of New Urban Housing Technology
All rights reserved.
Originally published in Japan by KAJIMA INSTITUTE PUBLISHING CO., Tokyo.
Korean translation rights arranged with KAJIMA INSTITUTE PUBLISHING CO., Japan
through THE SAKAI AGENCY and SHINWON AGENCY.

도시의 프롬나드

2009년 12월 15일 1판 1쇄 발행
2009년 12월 20일 1판 1쇄 발행

지은이 (사)신도시하우징협회 도시주거환경연구회
옮긴이 이 석 현 · 곽 동 화 · 이 정 미
펴낸이 강 찬 석
펴낸곳 도서출판 **미세움**
주 소 121-856 서울시 영등포구 신길동 194-70
전 화 02)844-0855 팩 스 02)703-7508
등 록 제313-2007-000133호

ISBN 978-89-85493-35-2   03540

정가 15,000원

살 고 싶 은 마 을 걷 고 싶 은 거 리

도시의 프롬나드

매력적인 거리디자인의 재발견

(사)신도시하우징협회 도시주거환경연구회 _ 지음

이 석 현 · 곽 동 화 · 이 정 미 _ 옮김

　지금 국내는 그 어느 시기보다 매력적이고 개성적인 거리만들기에 대한 관심이 높아지고 있으며, 실제로 전국의 수많은 지방자치단체와 기관, 민간단체, 시민단체에서는 그러한 거리를 만들기 위한 계획을 진행하고 있습니다. 특히, 공공디자인 정비사업과 걷고 싶은 거리만들기 사업은 이러한 시대의 요구를 가장 잘 반영한 것입니다.

　'걷고 싶은 거리'라는, 어떻게보면 너무나 당연한 거리 본연의 기능을 회복시키고자 하는 점은 매우 환영할만하나, 현재 진행되고 있는 많은 계획에서는 거리에 축적되어 온 기억과 자원을 살린 도시 내적인 거주의 가치상승보다는 '보여주기 위한' 표면적인 장식에 지나치게 의존하고 있는 점 등과 같은 문제점을 보이고 있습니다. 지금까지의 많은 개발경험에서 얻은 교훈은 거리의 매력적인 골목과 상징, 사람들이 모이는 공간과 녹지 등의 풍경요소가 쾌적함과 안전성, 소통 등의 내적요소와 조화되어 외적으로 표출될 때 보다 쾌적한 생활환경이 조성되고 장기적으로 가치를 상승시켜 나갈 수 있다는 점입니다. 관광자원과 같은 비일상의 공간이 주는 매력도 하나의 걷고 싶은 매력을 주고 단기적으로는 사람을 모을 수도 있지만, 모든 걷고 싶은 거리를 관광화에만 의존하게 되면 오랜 삶의 축적은 표면적인 장식에만 치중되어 거주민은 멀어지게 되고, 그러한 거리는 점차 매력을 상실하게 됩니다. 이탈리아와 프랑스를 비롯한 유럽의 오랜 역사적 관광도시 역시 현재 관광도시화로 인한 오염문제와 거주민이탈과 같은 폐해를 겪고 있으며, 국내에서도 거리만들기를 진행한 거리가 무리한 거리관광화로 인해 거주민에게 외면받고 본연의 거리 매력을 상실한 경우는 이러한 점을 단적으로 보여주는 것입니다. 매력적인 기리만들기가 오히려 거리가 가진 본연의 매력을 없애고 거주민을 거리에서 몰아내는 악역을 하게 되는 것입니다. 결국, 거주자의 쾌적한 환경조성을 기반으로 오랫동안 축적되어온 거리의 개성을 적극적으로 구축하고, 그것이 거주민과 방문객들 등 다양한 사람들에게 매력적이고 살고 싶다는 욕구로 이어져야만 사랑받는 거리가 만들어집니다.

그러한 가운데 이 책은 세 곳의 도쿄의 대표적인 거리를 대상으로 하여 내용적으로 많은 분량은 아니나, 거주민을 비롯한 다양한 사람들에게 삶의 가치를 높여주는 거리의 매력을 거리의 역사, 문화, 사람들의 의식에 대한 다양한 실험을 통해 객관적으로 밝혀냈다는 점에서 우리에게 시사하는 바가 큽니다. 비단, 도시와 거리를 연구하는 연구자 외에 공공디자인과 도시계획, 행정담당자, 거주민들에게도 유익한 걷고 싶은 거리에 대한 중요한 관점과 내용을 담고 있습니다. 물론, 모든 거리에는 저마다의 특징이 있으며 거리만들기의 방식도 다양해져야 하나, 기본적인 관점은 사람들 속에 축적된 삶의 매력과 그것이 표출된 거리에 있으며, 지금은 아파트 주거가 일반화되어 커뮤니티와 커뮤니케이션이 형성되기 어려운 국내에서도 이 책에서 제시한 아이덴티티, 휴먼스케일, 커뮤니티가 머지않아 거리매력의 중요한 평가요소로 자리잡게 될 것으로 여겨집니다.

아직 우리 주변에는 도시의 공간과 역사 속에서 성장한 매력적인 거리가 많이 남아 있습니다. 이 거리는 우리의 삶을 풍요롭게 하고 시각적인 개성을 전해주며 걷고 싶은 거리의 원점은 바로 그 안에 있을지 모릅니다. 이런 매력적인 거리의 가치발견과 만들기에 이 책은 큰 도움이 되리라 생각합니다.

2009년 11월

이 석 현

2004년 제정된 경관법 기본이념의 내용과 같이 풍요로운 생활환경의 창조에 수려한 경관은 필수적이며, 이런 수려한 경관은 자연, 역사, 문화 등과 사람들의 생활활동과의 조화에 의해 형성되어 간다.

전국에서 주민이 참가하는 마을만들기가 활발히 진행되고 있지만 다양해진 주민의 가치관과 생활방식 속에서 어떤 생활풍경을 지향해야 하는가라는 목표설정이 현재로서는 어려운 상황이다. 한편, 일본의 도시와 같은 다양성을 가진 도시는 보기 드물다. 획일성을 가져오는 도시계획의 결점에서 벗어나기 위해 유연성을 잘 살린 도시환경을 생각할 필요가 있다. 이러한 시기에 (사)신도시하우징협회 도시거주환경연구회는 4년에 걸쳐 진행한 '걷고 싶은 마을만들기'의 조사연구를 정리하여 출판까지 하게 되었다.

이 책에서는 도시 주거가 지향해야 할 방향이 다양한 사람들이 정착해 살 수 있는 거리에 있다는 점에 중심을 두었다. 또한 이의 실현 이미지를 '걷고 싶은 생활환경'으로 표현하고, '아이덴티티Identity', '휴먼스케일Humanscale', '커뮤니케이션Communication'이라는 키워드에 착안했다. 도쿄의 전형적이고 특징적 거리인 야나카谷中·다이칸야마代官山 등을 대상으로 3가지 키워드와 관계된 요소를 유출하고, 패턴 랭귀지와 GIS지리정보 시스템 등을 통해 거리의 매력을 재발견하고 있다.

또한 이러한 요소를 통해 가져올 수 있는 '환경'과 사람의 '의식'을 정량화하기 위해 평가 그리드법, 지원성, 인지지도 등을 사용하여 환경평가 구조를 파악했다. 도시의 환경평가를 위해 다양한 방법을 대상에 적용하고, 또한 주민의식의 평가구조까지 분석한다.

이런 성과는 다수의 주민이 생활풍경의 가치평가를 통한 합의의 도출과 주민과 도시계획 전문가와의 의사소통 도구로 활용될 것으로 기대된다. 또한, 지방자치단체, NPO 등 시민조직, 개발업자, 또는 현장작업에 관심이 있는 학생에게 생활문화 도시를 다시 살릴 수 있는 실천방법을 제공할 수 있을 것이다.

이토 시게루伊藤茂, 와세다 대학 특명교수, 도쿄 대학 명예교수

나의 직장은 도쿄 에도 구 에츠지마越中島에 있다. 매일 아침 몬젠나카초門前仲町 지하철역에 내려 바다쪽을 향해 걸으며 통근을 한다. 지하철역을 나오면 후카가와深川의 후도우산お不動さん이 바로 보이는데, 두근거리는 마음으로 참배를 하러 다가간다. 후도우산 옆이 후쿠오카 하치만구富岡八幡宮이며, 직장에서 어떤 행사가 있을 때면 하치만의 신관神職이 기도를 해준다.

몬젠나카초에서 보탄초牡丹町로 향하면 유람선이 묶여 있는 에도江戸 풍경을 볼 수 있다. 츠쿠다시마佃島의 요시즈미 신사吉住神社의 분사에 서서 회사와 가족의 안전을 염원하는 것도 매일의 일과다. 시가지의 집 앞에는 각양각색의 꽃과 나무로 장식되어 사계절을 알려준다. 게다가 봄에 운하 주변에 만개한 벚꽃…… 정말 즐거운 통근길이다.

도너츠형으로 인구가 감소하고 있는 도심에 다시 사람들을 불러오자. 도심으로 통근하는 사람들의 삶을 확보하기 위해 교외에서 자연파괴를 감소하도록 하는 것이 (사)신도시하우징협회의 설립취지다. 그 취지를 실현하기 위한 방법과 기술개발을 향해 설립된 것이 이 책을 쓴 '도시거주환경연구회' 다. 살고 싶은 거리란 무엇인가를 찾고, 일본 전국의 거리를 걷고 사람들을 찾아다니며 주민을 대상으로 설문조사도 실시했다.

앞서 얘기한 에도 정서가 풍부한 거리도 살고 싶은 거리의 하나이며, 최근 개발된 마쿠하리幕張와 오다이바お台場같은 주거공간 또한 매력적인 거리의 하나다. 각각의 거리에는 풍부하고 개성적인 얼굴이 있어야만 한다. 고지도를 들고 돌아다니다 보면 도쿄에는 에도 시대의 흔적이 지금도 다수 남아 있다. 지방의 성곽마을을 걸어다니면 이미 정리된 구획 속에서도 카마쿠라鎌倉 시대와 무로카치室町 시대의 흔적을 발견할 수가 있다.

학생 때, 가츠라리큐桂離宮의 쇼우킨테이松琴亭에서 정원을 바라본 순간, 충격적인 인상을 받았다. 일본적인 경관은 자연과 사람 사이의 융합·공생을 통해 태어난 것이었다. 그리고 일본적이라고 말하면서도 실은 중국, 한국, 아시아 각지의 문화와의 융합이기도 하다. 도쿄와 오사카에 다시금 많은 녹지와 곤충을 불러오는 일본 정원과 같이 자연과 문화가 조화된 거리를 세계의 벗과 걸어다니며 이야기를 나누고 싶은 생각으로 설립한 연구회의 성과가 이 책이다.

　이 책이 다시 걷고 싶은, 매력 넘치는 생활문화 도시의 창조에 도움이 되기를 진심으로 바란다.

2006년 3월
후지모리 노리아키藤盛紀明
(사)신도시하우징협회 운영위원장
(시미즈건설 상무집행역 기술연구소장)

차 례

도시의 프롬나드

Chapter 01

21세기 도시주거의 키워드
'걷고 싶은 생활환경'

1-1 주거라는 시점에서 도시를 다루는 시대

2005년 드디어 일본의 인구는 감소추세로 돌아섰다.

20세기 일본은 경제활동에 지나치게 의존한 결과, 도시에 거주민이 사라지게 되었다. 그 반성 위에 지금의 일본은 주거라는 시점에서 도시의 매력을 생각하는 시대로 접어들고 있다. 또한, 다양한 사람이 오랫동안 살아가며 지속적으로 성숙해지는 매력적인 거리로 변화할 수 있을 것인가를 묻고 있다. 거주민이 주거의 매력을 느낄 수 없는 거리에는 사람이 찾아오지 않기 때문이다. 동시에 그 매력을 실현하기 위해서는 거주민이 자신들의 의지를 명확히 표현하여 거리에서 요구되는 매력의 이상향과 방향성을 공유해 나가는 것도 중요하다.

수도권의 도시 거주민을 대상으로 행한 의식조사에서도 다양한 사람이 정착해 살 수 있는 거리가 필요하다고 나타났다. 또한 도시생활의 질을 높이는 소프트적인 가치로서, '아이덴티티ID', '휴먼스케일HS', '커뮤니케이션CM'이라는 세 가지 키워드가 실현의 열쇠를 쥐고 있다는 것이 밝혀졌다.

다양한 사람이 정착해 살 수 있는 거리를 실현하기 위해서는 많은 거주민이 같은 방향성을 가지고 거리를 평가하고 검토해 나가는 것이 중요하다. 이 책에서는 그것을 목표로, 모두가 가지고 있는 마을상을 '걷고 싶은 생활환경'으로 표현하고, 그 마을상을 기반으로 현재의 거리 속에서 매력을 찾아내고, 분석방법을 제안하고자 한다.

1. 20세기 단층형 도시의 형성

2001년 현재 일본의 전체인구는 1억 2,700만 명이 넘는다. 세계에서 9번째로 인구가 많은 나라다. 도심부의 거주인구는 약 1억 명으로, 일본 총인구의 79%다. 세계 평균 도시거주 인구비율이 48%인 점을 감안하면 일본은 세계적으로 봐도 도시주거 인구비율이 매우 높은 나라다. 주요 선진국 간에서도 영국과 독일에 이어 3번째로 높다. 수치에서 보면 일본은 세계 유수의 도시주거 선진국에 속한다고 할 수 있다표 1.

인구의 80%가 도시영역에 거주하고 있는 일본이지만, 그 주거환경을 질적으로 봤을 때도 과연 선진국이라고 말할 수 있을 것인가.

먼저, 일본 도시의 성장과정을 되돌아 보자. 현재와 같은 도시거주 중심의 인구구조는 20세기 경제성장과 함께 만들어졌다. 특히 제2차 대전 후 약 50년 사이에 급속도로 변모를 계속하여 현재에 이르렀다.

표 1. 주요 선진 8개국의 인구(2001년)

	도시인구(천 명)	총인구(천 명)	도시거주 인구율(%)
영국	53,313	59,542	89.5
독일	71,948	82,007	87.7
일본	100,469	127,335	78.9
캐나다	24,472	31,015	78.9
미국	221,408	285,926	77.4
프랑스	44,903	59,453	75.5
러시아	105,455	144,664	72.9
이탈리아	38,565	57,503	67.1
8개국 합계	660,533	847,445	77.9

출전 : United Nations, World Urbanization Prospects, the 2001 Revision

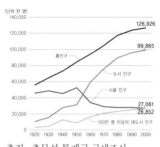

출전 : 총무성 통계국 국세조사

그림 1. 20세기 일본의 인구추이

일본의 인구는 20세기 초반인 1900년에는 불과 4,400만 명에 불과했다. 전쟁을 거쳐 1950년대에는 50년 전보다 약 3,900만 명이 늘어, 8,300만 명까지 증가했다. 그리고 50년 후, 20세기 말인 2000년에는 4,400만 명이 늘어나, 1억 2,700만 명이 되었다. 불과 1세기 동안 2.9배가 증가했다는 계산이 나온다.

이렇게 급속도로 증가한 인구는 경제발전과 함께 도시로의 집중으로 이어졌다. 그림 1은 1920년부터 2000년까지 일본의 인구추이를 나타낸 것인데, 일본 전체의 인구증가를 웃도는 속도로 도시 내부의 인구가 증가하고 있다는 것을 알 수 있다. 특히, 전후戰後의 고도성장기 초기인 1960년대에는 시골 인구가 크게 감소하여, 도시 인구와 역전된 양상을 알 수 있다. 일본의 도시 인구는 1950년대 4,000만 명에서 2000년까지 6,000만 명이 증가해 1억 명이 되었다.

2000년 시점에서 보면 일본 전국의 시골마을 3,230곳의 총인구와 100만 명 이상의 대도시 12곳에 거주하는 인구는 거의 비슷한 약 2,700만 명 정도로, 대도시 중심으로 인구구성이 바뀐 것을 알 수 있다.

전후의 경제부흥기에서 고도성장기에 걸쳐 일어난 급속한 도시성장과 도시로의 인구유입이라는 큰 시대변화에 대응하기 위해서는 어쨌든 부족한 주거공간과 도시기반을 충족시키는 것이 급선무다. 주택수요가 크게 부족하게 되자, 그 수요를 맞추기 위해 대량의 주택을 단기간에 효율적으로 건설할 수 있는 단지가 도시 주변지구에 차례로 건설되었다. 그 개발의 여파는 1970년대에는 더욱 가속화되어 도심에서 멀리 떨어진 내륙지대를 잘라놓는 모양으로 대규모 뉴타운 개발이 진행되어 갔다.

뉴타운으로 대표되는 노동자 세대의 거주공간이 교외로 점점 확대되는 한편, 편리성이 높은 중심부는 주택공급보다는 전적으로 경제활동 공간인 업무상업 용도로 개발되어 갔다. 그 시대의 도시개발에 있어서 거주기능은 어디까지나 도시 경제활동의 활성화, 효율화에 필요한 노동력을 만들기 위한 방책에 지나지 않았다.

사진 1. 침식상태로 비싸진 토지와 혼용 건물로 메워진 중심시가지

1980년대 후반의 버블시기에는 그 열기가 더해져 갔다. 값비싼 중심시가지 내의 택지는 토지가격보다 비싸게 매수되어 업무상업 용지로 전용되어 갔다. 중심시가지에 남아 있던 거주민은 삶의 터전을 떠나 사라져 갔다.

1990년대 초반 버블이 붕괴한 후에는 높은 지가로 인해 남아 있던 빈터는 이가 빠진 상태가 되어 사람이 살지 않는 중심시가지가 일본 곳곳에 출현했다사진1, 2.

사진 2. 토요일의 오후에도 셔터가 내려진 상점가. 사람의 그림자도 찾아보기 힘들다.

이러한 인구증가와 경제발전을 거쳐 형성된 20세기 일본 도시는 도시계획의 유도로 인해 도심부가 거주공간이 아닌 경제활동 공간, 교외가 주거공간이라는 단층적인 구조가 형성되었다. 일본에는 '도시란 살만한 곳이 아니다'라는 인식이 팽배해져, 매일 아침 교외에서 노동자와 학생이 일제히 도시를 향하고 저녁에는 다시 교외로 되돌아가는 민족 대이동이 반복되는 것이 대도시의 당연한 풍경이 되었다.

한쪽으로 치우친 발전을 전제로 한 도시에는 이러한 단순한 구조가 좋을 수도 있다. 그러나 본래 도시는 '주거', '경제', '문화'라고 하는 복합적이고 여러 층으로 이루어진 메커니즘이 유기적으로 관계하며 성립되는 것이라고 한다면, 20세기 일본 도시는 지나치게 경제에 치우친 단층적인 기능구조라고 할 수 있다. 당연히 이렇게 형성된 일본의 도시, 특히 중심부는 거주

사진 3. 다이칸야마 힐사이드 테라스 아넥스. 거리와 함께 성장해온 힐사이드 테라스는 다아칸야마의 상징이다.

공간으로 볼 때도, 기능적, 환경적으로도 매우 살기 힘든 도시가 되어 버렸다.

21세기에 들어와 일본은 변화의 몸부림을 시작하고 있다. 20세기를 통해 발전한 경제는 세기말에 일어난 버블경제의 종말과 함께 막을 내렸다. 1990년을 정점으로 경제활동은 쇠퇴를 거듭하고 도시의 지가도 하락하여, 경제기능만이 비대해진 거리는 모두 활력을 잃어갔다. 이러한 거리는 단순한 기능만 가지고 있어 한 가지 기능의 기반이 붕괴되면 거리 그 자체가 무너져 버린다.

21세기는 인구감소의 시대기도 하다. 2005년, 이미 일본의 인구는 감소추세로 돌아섰다. 업무상업 중심으로 변화시켜 도시의 거주인구를 회복하려 해도 거주기능이 쇠퇴한 거리가 다른 거리를 능가할 명확한 매력이 없다면 사람들은 돌아오지 않는다.

2. 거주공간으로서의 도시 부활

도쿄의 도심
「도심거주에 대한 의식조사」(2000년, 신도시하우징협회)에 따르면 도쿄의 '도심' 이미지를 '야마테센(山手線) 이내'라고 답한 사람이 24%로 가장 많았다. 다음으로 '야마노테센의 주요역 주변'이 21%였다. 때문에 이 연구회에서는 대략적으로 '야마노테센과 그 내부지역'을 도쿄의 도심으로 규정하고 있다.

지방 중핵도시를 중심으로 도시의 활력이 저하되고 있는 가운데 도쿄 도 23구에서는 '도심회귀'를 구호로 내건 전례 없는 주택공급이 행해지고 있다. 1999년 이후 6년 연속으로 23구의 신축분양 맨션공급은 3만 동을 유지하고 2004년에는 39,147동이라는 사상 최고 동수를 기록하는 등, 과거 최고 수준이 지속되고 있다부동산경제연구소 조사.

왜 도쿄에는 활기가 넘치는 것일까.

버블 붕괴에서 10년이 흘러 경제활동에 좌우되던 업무시설과 상가가 아닌 안정적인 수요가 예상되는 주택을 투자대상으로 재평가하고 있는 사업자측의 의도도 작용하고 있지만, 무엇보다 '도심에 거주하고 싶다'는 거주민의 요구가 명확해지고 있는 원인이 크다. 수요가 확실하지 않으면 사업자도 주택 공급에 투자하지 않으며, 도쿄의 거리에는 거주민이 실감할 수 있는 삶의 매력이 다수 존재하고 있기 때문이다.

그 매력이야말로 다양한 생활터전에 살고 있는 도시 거주민이 살만한 가치가 있는 거리를 재평가하는 요소다.

육아를 끝낸 중년부부가 편리하고 도회적인 생활환경을 추구하여 맨션으로 이주해오고 있다. 자녀가 성장해 둥지를 떠나 가족이 적어진 개인주택, 또는 본래 맨션을 선호하여 구입했던 사람들도 미래의 생활터전을 향해 새로운 맨션으로 바꾸어 사는 것이다.

사진 4. 다아칸야마의 골목. 주택가 속에 개성있는 점포가 위치하여, 거리의 표정을 이루고 있다.

생활의 자립기반을 요구하는 30대 독신자층도 도심 맨션을 구입하고 있다. 개성적인 거리로 인기가 높은 에비스惠比壽, 다이칸야마와 시로카네白金 지구를 시작으로 동부에서는 니혼바시 지구 등, 교통이 편리하고 주거환경이 양호한 구역에서는 패밀리 맨션도, 원룸 맨션도 아닌 새로운 유형의 맨션이 등장하여 정착했다사진 5. 도회적이고 세련된 삶을 원하는 독신자세대와 2인 가족세대를 대상으로 한 비교적 소규모 맨션, 이른바 '콤팩트 맨션'이다.

이러한 도심구역은 편리한 교통이 큰 매력이지만, 단순히 그러한 가치로만 도심거주가 재평가되는 것은 아니며, 비교적 녹음이 풍요로운 조용한 주거환경이거나, 다양한 식료품점, 일용품 잡화점 등 풍요로운 생활기반이 정비되어 있는 등, 생활의 질을 높이는 요소가 주거의 큰 매력이 되었다. 편리함과 풍요로움이 주는 혜택을 도시거주의 가치로 실감하고 있기 때문이다.

사진 5. 콤팩트 맨션. 30~60㎡ 정도의 소형주동으로 구성되어 총동수도 적은 분양맨션. 주거환경의 편리함과 양호함 모두를 원하는 독신 직업여성과 맞벌이 부부가 생활의 거점으로 구입하고 있다.

사진 6. 젊은 가족층이 주요 구매층인 도시형 주택. 도로가 좁고 집합주택을 짓기 어려운 지구의 중심 등에 건설되는 경우가 많다.

육아 가족층에게도 도심회귀 경향이 뚜렷하다. 도쿄 역에서 2~5km권에 위치하여 긴자銀座에서도 가까우면서 옛 거리의 서민적인 풍경이 있는 에도江東 구는 기업의 해고로 매각된 공장 등의 공터를 이용한 맨션 건설이 번성하면서 육아 가족층이 급속도로 유입되고 있다. 그로 인해 학교를 시작으로 한 사회 인프라의 부족이 사회문제가 되어 맨션을 건설하기 위한 규제 조례가 제정되는 사태에 이를 정도로 인기있게 되었다.

맨션만이 아니고 도시형 개인주택을 선택하는 30대 가족층도 많다. 층간소음에 신경쓸 필요도 없으며, 주차장도 확보되는 등 개인주택에 매력을 느끼는 육아 가족층이 분양주택을 구입하고 있다사진 6. 또한 이러한 젊은 애호가층이 건축가에게 의뢰하여 도심의 작은 토지에 주택을 짓는 사례도 늘어, 작은 토지주택이라는 말이 일반 잡지기사 등에 드물지 않게 실리고 있다.

이렇듯 도쿄에서는 도시의 생활기능을 모은 이점에 매력을 느끼는 다양한 생활터전에 사는 사람들이 거주인구 회복의 원동력이 되고 있다.

사진 7. 변형 사례. 기존의 업무용 건물을 내외장 리뉴얼을 통해 주택으로 전용함과 동시에 공용공간인 1층에 자동 잠금장치를 설치하는 등, 기능적으로도 주택같은 기능을 부가하고 있다.

한편, 수요가 사라진 업무용 건물을 주택으로 변경하는 시도도 주목받고 있다사진 7. 버블기인 고도 경제성장기에 지어진 수많은 업무용 건물은 이제는 낡고 업무용으로서의 시장가치가 없어졌으며, 이대로 철거될 수밖에 없다. 이러한 노후된 업무용 건물을 오래도록 안정적인 수요가 예상되는 주택으로 전환하여 건물을 재생하고자 하는 움직임이다. 또한, 아직 시도되는 과정이기는 하지만 20세기 후반, 강제로 주택의 지가를 올려 거주민을 몰아내기까지 하며 업무용 건물을 지을 때와는 전혀 다른 가치관으로 역전되고 있다는 사실은 명백하다.

도시의 프롬나드

이러한 현상은 모두 경제발전만을 쫒는 단층형 도시가 무너지고, 거주공간으로서의 도시를 재평가하는 시대가 도래한 것을 나타내고 있다. 또한 동시에 각각의 거리가 가진 '도시거주의 매력'이 이러한 큰 원동력의 배경이 되고 있다는 것을 알 수 있다.

1-2   거주민의 의지와 도시의 규칙

1. 거주민의 의지가 거리를 재생

사진 9. 뮌헨의 구시가지. 공중폭격으로 파괴된 건물을 원래대로 복원하고, 역사적인 경관을 재현. 구시가지는 자동차의 진입을 제한하고 보행자전용 공간이 되었다.

사진 10. 뮌헨 중심시가지의 한 곳. 하이트 하우젠 지구. 구시가지에서 도보로 10분 거리로 이잘측 동쪽 해안지구는 고급 아파트가 모인 지구로, 세련된 레스토랑과 상점이 모여 있다.

인구 130만 명, 독일 남부의 중핵도시 뮌헨은 제2차 세계대전 당시 연합군의 공중폭격으로 치명적인 타격을 받았으나, 그 후 훌륭하게 부흥을 이룬 도시로 유명하다사진 9, 10. 그러나 도쿄의 부흥과는 그 차원이 전혀 다르다. 뮌헨의 도시재생을 유명하게 만든 것은 거주민의 의지와 노력에 의해 거주민을 위한 거리의 재생을 실현했기 때문이다. 파괴된 중심시가지의 거리와 주요 건축물을 예전의 모습대로 재건하여, 중세부터 이어온 콤팩트한 거리의 개성을 지속시키는 데 성공했다. 한편, 주변 거리도 시민의 재산으로 여기고 거주환경을 존중하여 풍요로운 녹음이 넘치는 경관을 보존하며 부활을 시도했다사진 11, 12. 물론 예전 그대로 거리를 재현하고 보존한 사례는 다른 곳에도 있다. 뮌헨이 주목받는 것은 어떤 거리가 재생 후의 모습에 어울리는가에 대해 주민들과 행정이 서로의 의사결정을 존중하며 협조를 통해 폐허 속에서 건축물을 본래대로 소생시켰다는 점에 있다. 그리고 그 활동이 세계대전 후 반세기 이상을 거쳐 현재까지 지속되고 있다는 점이다.

그곳에는 단순히 추억이 서린 거리풍경만이 아닌 세계적으로 저명한 독일 유수의 경제 거점도시로서의 기능을 가지면서도 중세 때의 역사적 풍경을 거리에 재생시켜 나가겠다는 선

사진 12. 근교의 집합주택도 풍요로운 자연환경과 공존하도록 계획되어 있다.

사진 11. 이자르 강변의 개인주택지. 중심시가지의 주변은 풍부한 녹음의 주택가가 형성되었다.

택, 이것이 자신들의 거리에 가장 어울린다는 의지가 있다. 또한, 그 의사결정의 중요한 배경에는 거리가 가진 매력과 가치를 생활 속에서 공유한다는 점이 있다. 단순히 관광과 경제, 정치적인 시점에서 거리와 경관을 다루는 것이 아닌, 시민들이 공유하고 있는 매력을 마을만들기의 코드로 사용하고 있는 것이다.

2. 시민투표의 중요성

그러한 사실을 상징하는 사건이 2004년에 일어났다.

뮌헨의 거리에서는 멀리 아름다운 알프스 산세를 바라볼 수 있다. 그 산을 볼 수 있다는 것이 집과 거리가 장소로서 가진 가치를 높이고 있는 것이다. 그러한 경관을 지속적인 거리 전체의 조화로 만들어 나가기 위해, 시민 사이에는 시 중심부에 위치한 브라웬 교회의 탑보다 높은 건물은 원칙적으로 지을 수 없다는 경관에 대한 강한 규칙이 자리잡고 있다사진 13.

사진 13. 뮌헨의 구시가지를 상징하는 브라웬 교회. 탑(99m) 상부에서는 뮌헨 시와 알프스 산이 바라다 보인다.

사진 14. BMW 본사. 뮌헨 올림픽 기념공원에 인접해 세워져 있다.

사진 15. 시내에 건설된 5층 집합주택. 신축 집합주택도 높이를 5층 정도로 억제함과 동시에 주차장은 지하에 만들어 상부를 인공지반인 녹지 등으로 이용하는 것이 일반적이다.

1973년에 뮌헨 올림픽 기념공원 옆에 건설된 BMW 본사 건물도 교회의 탑을 넘지 않는 높이로 제한해 지은 것으로 유명하다사진 14.

2004년 11월 시와 협회, 거주민을 포함한 대규모 논쟁이 일어났다. 뮌헨 시의 남부와 동부에 계획 중이던 높이 150m 규모의 고층 건축물 2개 동의 설계계획과 이후의 모든 뮌헨 시내의 개발계획에 있어서 브라웬 교회의 탑 높이를 넘어서는 건축물의 허가를 금지할 것 등에 대한 찬반을 묻는 시민투표가 행해진 것이다. 그 결과, 작은 차이지만 고층 건축물의 높이를 규제하자는 의견이 시민의 지지를 얻어, 뮌헨 시는 당시의 모든 계획을 중지시키고 이후의 신규 건축물에 대한 규제조치도 만들게 되었다.

1960~1970년대에는 뮌헨 시내의 주택개발에 있어 일본과 같이 10층 높이를 넘는 고층 집합주택 개발이 수없이 계획되었고, 실제로 건축된 것도 있었다. 그러나 그 후, 많은 개발계획이 중지되었고, 최근에는 5층 이하의 중층 집합주택이 공급되고 있다사진 15. 이것은 자신들의 주거환경에 고층주택은 어울리지 않는다는 시민의 의지가 움직인 결과다.

일본에서는 전후 50년간 전국을 일률적인 계획수법에 의한 마을만들기, 경제성 중시의 도시개발이 진행되어 왔다. 그 결과, 전국 곳곳에 개성 없고 획일화된 거리가 증식했다. 거리의 현관인 역 앞은 재개발로 지어진 역사와 상가건물에 둘러싸인 로터리, 상점가라고 하면 아케이드가 전국 어디에서나 볼 수 있는 모습이었다. 전국 체인점의 확산으로 인한 도로 옆 양판점과 패밀리 레스토랑이 모여 있는 신칸센 도로 옆의 광경도 일반적이었다. 현재의 일본은 전국 어디나 같은 형식으로 구성된 유사한 거리가 일반화되었다. 어디에나 있는 비개성적인 거리에서 거주민이 거리의 매력을 존중하고, 키워나가며, 세련되게 만들고자 하는 의지가 생길 가능성은 극히 낮다. 그 때문에 더욱 획일적이고 개성 없는 거리가 증식되어가는 악순환을 불러왔다.

지금 일본의 도시에 사는 많은 거주민은 생활의 질을 포기하고 있는 것은 아닐까. 그런 생각은 자신들의 의지로 거리의 매력을 지키고 키워나가는 것은 불가능하다고 여기기 때문이며, 그것이 가능하다는 것을 실감할 수 있는 사례도 가까이에 없기 때문일 것이다.

미래의 도시거주상 –
'다양한 사람이 정착해 살 수 있는 거리'

1. 도시거주환경연구회가 지향하는 것

이 책을 저술한 도시거주환경연구회는 도시 거주환경에 관한 조사연구를 중요 목적으로 삼고, 1997년에 사단법인 신도시하우징협회 안에 설치되었다. 설립 당시, 이 연구회에서는 앞으로 도시거주에서 요구되는 모습, 연구회로서 지향해야만 하는 방향성에 대한 토론을 계속했다. 향후 도시 거주환경에서 가장 중요한 것을 활동의 주축으로 정하는 것, 그것이 바로 '거주민의 시점'에서 거리를 바라보고 구상하는 것이다.

그렇다고 해도 도시를 다룰 경우, 거시적인 시점에서 자원과 건물, 그리고 사람의 집합체로 도시를 바라보는 경우가 많다. 특히, 20세기의 도시계획에서는 그 색채가 더욱 강했다. 그러나 그것이 사람이 살지 않는 도시를 형성시킨 원인이 되었던 것은 아닐까? 본래 도시란 그곳에 한사람 한사람의 개성이 존재하고, 그 개별활동이 상호작용으로 반응하고 증폭되며, 결과적으로 종합적인 모습이 만들어지는 것이다. 도시 거주환경을 생각할 때에도 먼저 도시를 부정적으로 바라보기보다는, 거주민 한사람, 한사람의 삶과 생활행위를 중심으로, 그곳에서 그 주변으로 확산되어 가는 도시를 보는 섬세한 접근이 필요하다.

이러한 시점에서 앞으로 도시를 다룰 때는 도시를 '거주민

의 삶의 터전'이며, 다양한 생활방식과 생활지향을 가진 개인
들이 안심하고 쾌적하게 거주할 수 있는 환경으로 바라보는
자세가 필요하다. 예를 들어, 다양한 기능과 사람이 모여 있
는 도회적 환경이 가장 필요한 이는 고령자와 독신자이며, 다
음세대를 책임지고 나갈 어린이들과 그 아이들을 키우는 부
모다.

또한, 미래의 도시 거주환경은 오랫동안 발전시킬 수 있는,
지속성있는 거리여야 한다는 점도 꼭 필요한 요소라고 생각
한다.

이를 위해서는 거주민 한사람, 한사람이 자신들이 사는 거
리의 매력에 애착과 긍지를 가지고 오랫동안 살 수 있는 풍요
로운 환경을 거주민 스스로의 의지로 구현해 나가야 한다.

연구회에서는 이러한 생각을 바탕으로 바람직한 미래의 도
시모습으로서 '다양한 사람이 정착해 살 수 있는 거리'를 지향
점으로 설정하고 그 실현을 향한 연구를 진행해 왔다.

'다양한 사람이 정착해 살 수 있는 거리'의 개념은 다음과
같다.

'다양한 사람'이란, 유아부터 고령자까지 다양한 연령대와
독신자부터 다세대 거주까지 다양한 가족형태의 거주민 속성,
또한 취업자와 가족관 등 생활방식이 다양한 사람들이 있다.
세계화로 나아가는 현대에는 다양한 국적을 가진 사람들도 있
다. 앞으로 사람들이 공존할 수 있는 거리는 다양한 사람이 사
는 거리다.

'정착해 살 수 있는'이란, 한 집에서 오랫동안 살아가는 것
과 이사를 했더라도 다시 돌아와 살 수 있는 경우를 포함한 장
기적인 시점에서 그 거리에 생활의 중심을 두고 거주하고 있

는 상태라고 말할 수 있다. 더욱 중요한 것은 거주민이 거리에 귀속의식을 가지고 그곳에 정착해 살고자 하는 의지를 가지는 것이며, 살고자 하는 거리가 선택받을 수 있는 매력을 가지는 것이 필수다.

또한 '거리'를 생각할 때 크기로는 각각의 도시 거주민이 자신의 거주지를 기점으로 반경 1km 정도의 범위, 즉 도보와 자전거로 평소 쉽게 이동할 수 있는 규모로 정의하고 있다.

2. 미래의 키워드 '아이덴티티ID', '휴먼스케일HS', '커뮤니케이션CM'

여기서는 다양한 사람이 정착해 살 수 있는 거리를 실현하는 데 필요한 구성요소를 '아이덴티티 · 휴먼스케일 · 커뮤니케이션 · 안전/안심 · 여가/여유 · 생활의 편리함 · 경제성 · 환경공생'이라는 8개 항목으로 요약하여 표현했다그림 3. 그 위에 이 8가지의 구성요소 중에서 특히, '아이덴티티', '휴먼스케일', '커뮤니케이션' 3요소를 중요 키워드로 설정했다. 이 3가지 키워드는 모두 과거 일본의 도시에서 그다지 주목받지 못했던 소프트적인 요소지만, 사회가 성숙해 가면서 도시거주 환경형성을 위해 그 중요도가 더욱 높아질 것으로 생각하기 때문이다.

'아이덴티티'는 그 거리가 가진 고유의 가치와 특징이며, 거주민이 자신들의 거리에 살아가면서 실감할 수 있는 매력적인 요소라는 측면에서 착안한 개념이다. 거주민이 거리의 매력을 느끼고 나아가 그 매력을 공유하며 존중해 나가고자 하는 의지와 애착을 가지는 것이 다양한 사람이 정착해 살 수 있는 거리의 실현을 위해 중요하다.

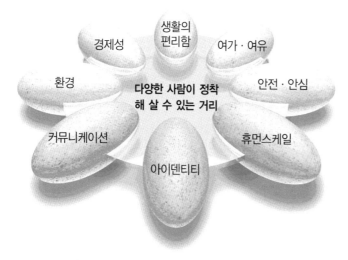

그림 3. 다양한 사람이 정착해 살 수 있는 거리의 구성요소

'휴먼스케일'은 거주민이 심리적, 물리적으로 안전하고 쾌적하게 생활할 수 있는 환경을 만들기 위한 키워드다. 지금까지 고도의 기능과 교통이 모여 있는 현대도시에서는 실현되기 어렵다고 알려져 왔다. 그러나 어린이와 주부, 고령자가 안심하며 걷고, 기대고, 놀 수 있는 거리, 또는 경제적 발상이 아닌 생활감각을 중시한 저층 집합주택과 거리환경이 실현되기를 도시 거주민이 요구하고 있다.

'커뮤니케이션'은 도시 거주민이 사회생활을 영위할 때 필요한 기본적인 행위지만, 전후 50년의 도시화 과정에서는 사생활 존중, 익명성을 도시의 특징으로 여기는 의식이 확산되면서 희미해지고 있는 요소다. 그러나 한신대지진 때에도 일반주민들 사이의 활발한 커뮤니케이션이 재난자의 구조와 재기에 큰 영향을 미쳤다고 알려졌다. 미래 시대에 어울리는 도시 커뮤니케이션의 가장 올바른 방향을 찾고자 하는 것이다.

연구회에서는 이러한 3가지 요소에 주목하면서 다양한 사람이 정착해 살 수 있는 거리를 만들기 위한 방법에 대해 조사연구를 진행해 왔다. 다음 장에서는 먼저 주민의식에 관한 조사연구를 소개하고자 한다.

도시 거주민의 의식으로 보는
미래의 도시거주 이미지

1-4

실제로 도시에서 생활하는 사람들은 현재 어떤 삶을 살아가고 있는 것일까. 거주환경에 대해서 어떻게 인식하고, 앞으로 어떤 방향으로 나아가기를 바라고 있는 것일까?

도시 거주민의 삶의 양상과 도시 거주의식을 파악하기 위해, 수도권에 거주하는 도시민을 대상으로 설문조사를 실시했다. 조사에서는 특히, '아이덴티티', '휴먼스케일', '커뮤니케이션'의 세 가지 소프트적인 요소에 착안하여, 이러한 요소가 어떻게 인식되고 있는지를 찾았다. 그 결과, 앞으로 도시거주의 바람직한 방향에 대해 매우 흥미로운 사실과 문제점이 밝혀졌다.

「도시거주에 대한 의식조사」
개요

조사방법 : 우편으로 설문조사
조사대상 : 1도 3현의 도시거주자(도쿄가스 도시생활연구소 설문조사 모니터가 남녀 각 750명씩 합계 1,500명 샘플 추출)
유효 샘플 수 : 849 샘플(회수율 56.6%)
조사기간 : 1999년 10월

1. 다양한 사람이 살아갈 수 있는 거리를 요구하는가

실제로 도시 거주민은 과연 '다양한 사람이 정착해 살 수 있는 거리'를 자신들의 거리모습으로 바라고 있는 것일까? 그 질문에 대한 결과가 그림 4다. 한 거리에 다양한 사람이 살고 있는 편이 바람직하다고 생각하고 있는 사람은 '다소 바람직하다'를 포함하여 67%에 달하고 있는 것으로 밝혀졌다. 그 이유로는 '그런 편이 거리에 활기가 생기기 때문에'66%, '그런 편이 자연스러운 모습이기 때문에'65%, '그런 편이 세대교체를 거쳐서도 거리에 활기가 쇠퇴하지 않기 때문에'49%와 같은 점을 들고 있었다.

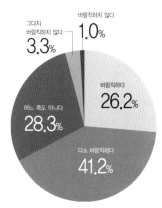

그림 4. (질문) 당신은 도시에서 한 거리에 다양한 사람들이 살고 있는 쪽이 바람직하다고 생각합니까?(회답수 840)

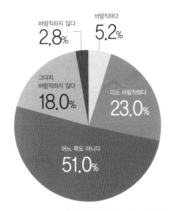

그림 5. (질문) 현재 당신이 사는 거리의 이웃 구성은 바람직한 상태라고 생각합니까? (회답수 822)

현재 지역주민의 구성에 대해 질문한 결과, '바람직하다', '다소 바람직하다'라고 답한 사람은 28%뿐으로 '어느 쪽도 아닌'으로 답한 사람이 51%를 차지했다그림 5. 그럼, 자신들의 거리에 어떠한 사람들이 살길 바라고 있는 것일까? 그림 6을 보면 '초등학생이 있는 가족'37%, '미취학 아동이 있는 가족'30%과 같이 육아기의 가족과 '어린이, 손자 등과 동거하고 있는 고령자'30%를 희망하고 있었다. 어린이부터 고령자까지의 다양한 세대가 모여 사는 거리를 바람직한 거리의 모습으로 생각하는 사람이 많다는 것을 알 수 있었다.

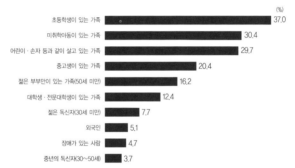

그림 6. (질문) 더욱 늘어났으면 좋겠다고 생각하는 이웃은? (복수회답, 회답수 817)

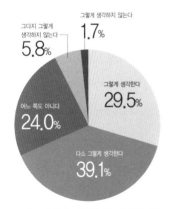

그림 7. (질문) 당신은 한 거리에 계속 살아가는 것을 매력적인 것이라고 생각합니까? (회답수 842)

2. 한 거리에 살고 싶은가

'한 거리에 계속 살고 싶은 곳이 매력적'이라고 생각하는가에 대해 질문한 것이 그림 7이다. 전체의 67%가 그렇다고 인식하고 있었다. 계속 살고 싶은 것이 매력적이라는 이유로는 '한 거리의 이웃과 친숙해질 수 있기 때문에'58%, '계속 살면 거리가 가진 특징에 애착이 가기 때문에'58%로, 커뮤니케이션과 아이덴티티와 관련된 항목을 드는 사람들이 많았다그림 8.

도시의 프롬나드

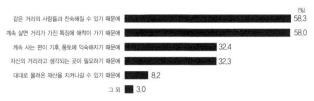

그림 8. (질문) 한 거리에 계속 사는 것이 매력적인 이유는? (회답수 564)

'현재 살고 있는 거리에서 앞으로 어느 정도 살 것인가'라는 장래의 의향을 물어본 결과, '평생 계속 살고 싶다'는 사람이 48%로 약 절반 정도가 살길 원하고 있었다그림 9. 특히 현재 살고 있는 거리에 강한 애착을 느끼고 있는 사람 78%가 '평생 계속 살고 싶다'고 답했으며, 계속 살고 싶은 의지가 매우 강한 것을 알 수 있었다그림 10. 평생 계속 살고 싶은 이유로는, '교통편이 좋아서'59%, '오래 살아왔기 때문에'57%, '집 가까이에 무엇이든 있기 때문에 물건을 사기 편리한 거리여서'48%, '공원·녹지가 많기 때문에'37%와 같은 항목이 높은 평가를 받았다.

그림 9. (질문) 당신이 현재 살고 있는 거리에 앞으로 어느 정도 계속 살 예정입니까? (회답수 842)

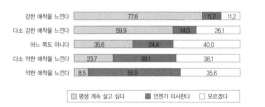

그림 10. (질문) 현재 살고 있는 거리에 앞으로 어느 정도 계속 살 예정입니까? (거리에 대한 애착의 정도) (회답수 828)

수도권의 도시 거주민 의식을 통해, 오랫동안 살며 이웃과의 상호교류와 거리에 대한 애착이 깊어지는 것이 매력적이며, 애착을 가진 사람일수록 지금 살고 있는 거리에서 평생 살고 싶어 하는 사람이 많다는 것을 알 수 있었다. 그 중에서도

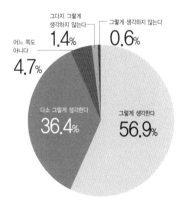

그림 11. (질문) 다양한 사람이 정착해 살 수 있는 거리를 만든다면 살고 있는 사람이 자신들의 거리에 애착을 가지는 것은 중요하다고 생각합니까? (회답수 784)

'거리에 애착을 가지는 것'이 매우 중요하다. '다양한 사람이 정착해 살 수 있는 거리를 만드는 데 있어, 자신들의 거리에 애착을 가지는 것은 중요한가'라는 질문에 대해서도 93%가 확고하다는 점에서도 그 중요함을 알 수 있었다그림 11.

3. 아이덴티티(ID) - 가까운 곳의 풍요로움, 편안한 생활이 중요

그럼, 거리의 아이덴티티, 즉 거리의 개성과 애착에 대한 도시 거주민의 의식은 어떠할까? '현재 살고 있는 거리는 개성적인가'라는 질문에 대해 '그렇게 생각하지 않는다', '그다지 그렇게 생각하지 않는다'라고 부정적으로 회답한 사람이 34%에 달해, 긍정적인 사람29%보다도 많았다그림 12.

그에 비해 '거리의 개성은 있는 편이 좋은가'라는 질문에서는 그렇다고 대답한 사람이 60%에 달했다그림 13. 현재 도시에 살고 있는 거주민은 거리의 개성은 필요하다고 의식하고 있지만, 현재 자신이 사는 거리의 실태는 부족하다는 인상을 가지고 있다는 것을 알 수 있다.

그럼, 어떠한 것을 거리의 개성이라고 인식하는 것일까? 복수회답의 질문에서 가장 많은 사람이 인식하고 있는 것은 '공원·녹지가 많은 곳'52%이었다. 다음으로 '치안이 좋은 곳'37%, '자연풍경이 좋은 곳'33%, '대중교통망이 정비되어 있는 곳'33% 순었다그림 14. 또한, 이러한 개성 속에서도 특히 자랑할 수 있는 요소 하나를 들어본 결과, '공원·녹지'25%, '대중교통망 정비'11%, '자연풍경'10%, '아름다운 거리·가로수'8%였다.

아이덴티티는 역사적 건조물과 전통행사 등 그 토지의 역사적 요소와 문화시설 등을 통해 느끼는 것이 아닐까라고 생각

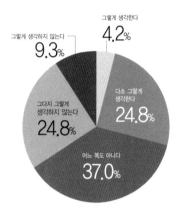

그림 12. (질문) 종합적으로 평가하면 당신이 현재 살고 있는 거리는 개성 있는 거리입니까? (회답수 828)

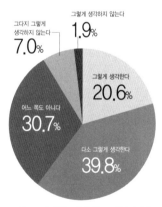

그림 13. (질문) 거리에는 개성이 있는 것이 좋다고 생각합니까? (회답수 831)

도시의 프롬나드

했지만, 실제 도시 거주민의 감각은 이러한 상징적인 랜드마크보다도 모든 삶이 편안하고 생활에 밀착된 요소, 그 중에서도 '녹지'의 풍요로움을 강하게 의식하고 있다는 것을 알 수 있었다. 현재 도시 거주민은 가까이 있는 풍요로움, 살기 편함을 실감할 수 있는 요소가 자신들이 사는 거리에 있다는 점에서 아이덴티티를 느끼고 있었다고 말할 수 있다.

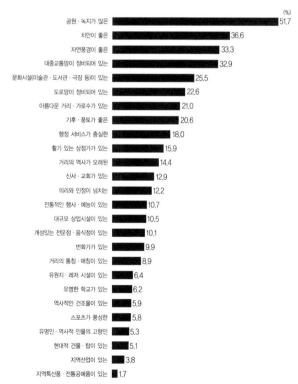

그림 14. (질문) 거리의 개성이라고 생각되는 것은? (복수회답, 회답수 811)

4. 휴먼스케일(HS) – 차에 의존하지 않는 마을만들기

휴먼스케일에 대한 인식에서는 일상생활 속에서 이동수단과 걸어다닐 수 있는 거리생활의 편리함에 대해서 질문했다. 평소 이동수단을 통근 · 통학할 때, 일용품이나 식료품 등 생필품을 살 때, 의복 등을 쇼핑할 때, 놀러갈 때 등 각각에 대해 질문한 결과가 그림 15~18이다.

도쿄 도와 각 구에서는 평소 물건을 살 때는 '보행'과 '자전거'가 이동수단이라는 사람이 90%에 가깝다는 것을 알 수 있었다. 특히, 23구 도심부에서는 보행이라는 사람이 58%로 매우 많은 점이 주목된다. 대조적으로 도쿄 도 23구 이외의 지구에서는 '자가용차'가 30%로 많았다그림 16.

쇼핑할 때를 보면, 도쿄 도 23구에서는 '전철'을 이용하는 사람이 50%에 가까운 것에 비해, 구 이외의 지역에서는 '자가

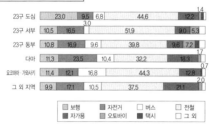

그림 15. 평소 이동수단 (통학, 통근) (회답수 756)

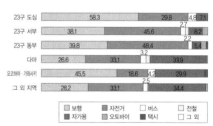

그림 16. 평소 이동수단 (일용품, 식료품 등 생필품을 살 때) (회답수 778)

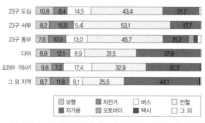

그림 17. 평소 이동수단 (의복과 장식품 등의 쇼핑) (회답수 774)

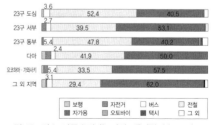

그림 18. 평소 이동수단 (놀러갈 때) (회답수 777)

도시의 프롬나드

용차'가 40% 가까울 정도로 많았다그림 17. 도쿄 도 23구의 도시
거주민은 번화가로 이동할 때와 같이 먼 거리의 이동은 대중
교통을 이용하는 것이 일반적이었다.

이렇듯 도쿄 도 23구에 사는 사람들, 특히 도심부에 사는 거
주민은 자가용에 의존하지 않고 대중교통과 보행, 자전거를
중심으로 한 바람직한 삶을 이미 실천하고 있다는 것을 알 수
있었다.

다양한 사람이 정착해 살 수 있는 거리를 만든다면 '차에 의
존하지 않고, 보행이나 자전거로 생활하기 쉬운 마을만들기가
좋은가'라는 질문에는 '그렇다고 생각한다'46%와 '다소 그렇다
고 생각한다'를 포함해 79% 정도의 많은 사람이 찬성하고 있
었다. 이미 실생활에 실천하고 있는 생활방식으로서는 당연한
것일지 모르나, 수도권에 살고 있는 도시 거주민의 경우, 매우
많은 사람이 차에 의존하지 않는 마을만들기를 하고 있다는
것을 알 수 있었다그림 19.

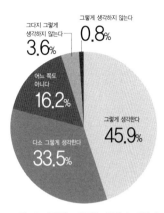

그림 19. (질문) 다양한 사람이 정착해
살 수 있는 거리를 만든다면, 차에 의
존하지 않고 보행과 자전거로 생활하기
편리한 마을만들기가 좋다고 생각합니
까? (회답수 784)

5. 커뮤니케이션(CM) – 이웃끼리의 교류는 중요하나 현
  실은 단절

커뮤니케이션은 한 거리에 사는 이웃끼리의 교류실태와 의
식에서 찾았다. 한 거리에 사는 사람 중에서 '평소에 만나는
이웃수'에 대한 회답결과가 그림 20이며, '평소에 만나는 이웃
이 있는 사람'이란 '얼굴과 이름을 알고 인사하는 정도보다 친
밀한 교류가 있는 이웃'으로 정의하고 있다. 회답을 보면 '6~
10명'이 31%로 가장 많았고, 다음으로 '4~5명'이 18% 정도였
다. 한 거리에서 어느 정도 교류하고 있는 이웃이 있다는 도시
거주민이 생각보다 많다는 것을 알 수 있었다.

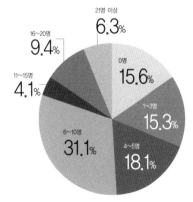

그림 20. (질문) 당신이 사는 거리에서
일상적으로 만나고 있는 사람은 몇 명
입니까? (회답수 774)

그러나 한편으로 '0명'이라는 사람도 16%에 달하고 있어, 6명에 한 명꼴로 한 거리에 살면서 평소 만나는 이웃이 전혀 없다는 것을 알 수 있었다. 이웃 사촌이라는 말이 있지만, 자신의 집 건너에 3채와 양쪽 이웃집을 포함해 6채가 있다면, 그 중 1채는 평소 전혀 이웃과의 만남이 없다는 것이 된다.

그림 21은 이웃과의 만남을 '평소에 만나는 이웃이 있는 사람', '이름과 얼굴을 아는 사람', '얼굴을 알고 있는 사람'이라는 커뮤니케이션의 정도로 분류하고, 각각의 사람 수를 거주년도별로 본 것이다. 이를 보면, 거주년수가 길어질수록 얼굴을 알고 있는 사람과 이름과 얼굴을 아는 사람의 수는 점점 증가하고 있지만, 평소 만나는 이웃이 있는 사람은 그다지 늘지 않았다. 도시 거주민에게 이웃과의 교류는 친하게 지내고 있는 범위가 정해진 규모에 얽매여서, 거주년수가 길다고 꼭 넓어진다고는 말할 수 없다. 오히려 처음이 소중할지도 모른다.

그렇다면 도시 거주민은 현재 어느 정도 커뮤니케이션을 하고 있다고 생각할까? '이웃끼리의 교류는 충분하다고 생각하는가'라는 질문에 대해 '충분하다', '거의 충분하다'고 대답한

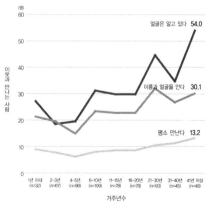

그림 21. 거주년수별 한 거리에서 평소 만나는 이웃사람 수 (회답수 648)

도시의 프롬나드

사람이 35%였고, '충분하지 않다', '그다지 충분하지 않다'는 사람이 41%로 더 많았다. 현재의 교류범위에 대해 부족함을 느끼는 사람이 많다는 것을 알 수 있었다그림 22. 특히, 젊은 세대와 남성은 '충분하지 않다', '그다지 충분하지 않다'는 사람이 45%로 다소 많았다. 또한 평소에 만나는 이웃이 없는 사람을 감안해보면 '충분하지 않다'38%와 '그다지 충분하지 않다'35%를 합해서 73% 정도가 부족하다고 느끼는 것을 알 수 있었다그림 23. 이웃과 상호교류를 하고 있지 않다고 해서 그 필요성을 느끼지 않는다는 의미는 아니며, 현재 커뮤니케이션이 희박한 사람일수록 오히려 이웃과의 교류가 필요하다고 느끼는 것을 알 수 있었다.

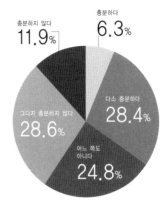

그림 22. (질문) 당신은 현재 당신이 사는 거리에서의 교류는 충분하다고 생각합니까? (회답수 825)

'다양한 사람이 정착해 살 수 있는 거리를 만든다면 '이웃끼리의 교류'는 중요하다고 생각하는가'라는 질문에 대해서는, '그렇다고 생각한다'고 대답한 사람이 34%, '다소 그렇다고 생각한다'는 사람까지 포함하면 77%가 긍정적으로 대답하였다. 다양한 사람이 정착해 살 수 있는 거리를 만드는 환경요소로, 이웃끼리의 교류가 중요하다고 강하게 인식하고 있었다그림 24.

그러나 한편으로 그림 21에 나타난 것처럼 한 거리에 사는 이웃끼리는 교류의 깊이와 방법에 대해 어떤 일정한 거리감을 지키는 균형감각이 작용하고 있다. 미래의 도시거주는 오래 전부터 내려온 강한 지역성을 가진 이웃관계와는 다르며, 다소 느슨한 관계 속에서 균형을 유지하는 도시형 커뮤니케이션 방식이 도시 거주민에게 필요한 것은 아닐까?

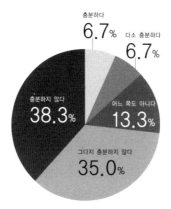

그림 23. (질문) 당신은 현재 당신이 사
는 거리에서 이웃과의 교류가 충분하다
고 생각합니까? (평소에 만나는 이웃이
없는 사람) (회답수 120)

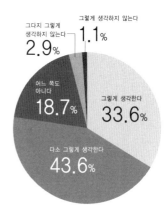

그림 24. (질문) 다양한 사람이 정착해
살 수 있는 거리를 만든다면, 한 거리
에 사는 이웃끼리의 교류가 중요하다고
생각합니까? (회답수 785)

1-5 걷고 싶은 생활환경

앞에서는 수도권에 사는 도시 거주민에 대한 의식조사 결과를 살펴봤다. 그 결과, '다양한 사람이 정착해 살 수 있는 거리'는 많은 도시 거주민이 공감하고 있는 곳이라는 것이 확인되었다. 또한, 그 실현에 있어 아이덴티티, 휴먼스케일, 커뮤니케이션이라는 세 가지 소프트적인 키워드가 중요하다는 것도 알 수 있었다.

처음 서술했던 바와 같이 수도권에 있어 도심회귀 현상은 도쿄의 거리가 가진 거주면에서의 매력이 원동력이 되어 그 움직임을 활발하게 하고 있다. 그러나 유감스럽게도 도쿄 도 23구 거주자는 2000년을 기점으로 313만 명으로, 일본의 도시 거주인구가 1억 명인 것에서 보면, 불과 10%에도 미치지 않는다. 나머지 9,000만 명 이상을 차지하는 일본의 많은 도시가 앞으로 활력을 되찾기 위해서는 각 거리가 가진 거주의 매력을 높여나가거나 창출해 나가는 것이 필요하다. 당연한 말이지만 획일적인 방법이나 다른 도시와 비교하여 차별화하는 것보다는 거리 자체의 매력을 찾아내는 것이 중요하다. 에비스, 닛포리日暮里, 메지로目白, 시모키타자와下北澤 등 보행권 등의 규모로 구분되어 있는 개별 거리는 각자 고유의 매력을 보유하고 있다. 도쿄 도 23구에 살고 있는 주민은 그 매력과 자신이 요구하는 거주환경 이미지가 잘 들어맞는지에 따라 거리를 선택하고 있는 것이다.

사진 16. 갤러리기 있는 골목

앞으로 활기찬 거리를 만들기 위해서는 거주민이 자신들의 눈높이에 맞춘 거주지의 매력을 실감할 수 있는지가 거리의 매력이나 가치를 평가, 분석하는 데 중요한 요소가 된다. 따라서 본 연구회는 많은 사람과 거리상의 목표를 함께 하는 것이 효과적이라고 생각하여, 그 이미지 모델을 '걷고 싶은 생활환경'이라고 표현했다.

이 표현 속에는 '걷다'라는 시점, 단순히 안전하게 보행할 수 있는 기능적인 면에서 본 도시환경이라는 의미는 물론, 도시에 사는 거주민이 걷고 싶은 매력을 만들고자 하는 능동적인 의미를 포함하고 있다. '걷고 싶어 진다'라는 단순한 수식어를 부여하는 것만으로, 그것이 생활하는 거리환경을 응축시켜 표현하게 된다는 의미를 알 수 있다. 또한 이것은 거주민과 거리와의 관계 속에서 '걷다'라는 생활행위를 중시하고자 하는 생활방식도 나타내고 있다.

즉, '걷고 싶은 생활환경'은 어떠한 거리에서 거주민이 걷고 싶은 기분이 드는가라는 문제제기며, 나아가 그 연장선상에서 거주민이 매력적인 마을만들기를 위해 목표로 삼을만한 하나의 모델을 제시하고 있는 것이다.

그리고 그것은 거리에 애착과 매력을 느낄 수 있는 '아이덴티티'가 있으며, 쾌적하고 편안한 도시생활을 걸으면서 실현하게 하는 '휴먼스케일', 사람과 사람 사이에서 도시의 다양한 생활지원 기능과 생활상의 매력을 연결하는 '커뮤니케이션'과 같은 도시 거주민이 가까이에서 실감할 수 있는 살기 편한 생활환경이라고 말할 수 있다.

'걷고 싶은 생활환경'은 도시 거주민의 늘어나는 요구를 반영하고 있으며, 도시를 사회적 의미에서 본 경우에도 지속가능한지속적 발전, 성숙해 가는 도시환경을 실현하는 데 중요한 키워드로서, 이후 다양한 사람이 정착해 살 수 있는 마을만들기를 실현해 나가기 위한 기본적인 요건으로 다루어야 한다.

국가 정책에서도 탈 자동차중심의 도시환경 만들기가 추진되고 있다. 경제 신생대책으로 1999년 11월 11일 경제대책 각료회의 결정에서 '걸으며 살 수 있는 거리만들기' 구상이 추진되었다. '걸으며 살 수 있는 거리만들기' 구상이란, 지역의 여러가지 아이디어나 발상을 원천으로 생활 제반기능이 짜임새 있게 모여 있어 장소에 구애받지 않고 폭넓은 세대가 교류하고, 도움을 주고 받으며 가까운 장소에서 업무와 생활을 충실하게 영위하도록 하는 것이다. 동시에 지금부터 본격적으로 진행될 고령화, 저출산사회에 대응하여 안전하고 여유있는 생활을 실현해 나가고자 하는 시도다.

2000년 10월 운송정책심의회에서도 「21세기 초반의 종합적인 교통시책의 기본적 방향에 대하여」 - 경제사회의 변혁을 촉진하는 이동성의 혁신… (중략)' 속에서 '자동차에 지나치게 의존하지 않는 도시와 교통을 실현할 필요가 있다'고 말하며, '자동차 의존사회에서의 탈피'를 제언하고 그 중 하나로 '대중교통과 보행·자전거 교통으로의 전환' 을 들고 있다.

2003년 12월에 사회자본정비심의회가 정리한 「도시재생 비전」은 몇 가지 중요한 제언을 통해 사회적으로도 높게 평가받았다. 그 가운데 '환경과 공생하는 지속가능한 도시의 구축'에는 지속가능한 도시의 구축방법으로 집약·복원형으로 도시구조를 재편, 안심하고 쾌적한 보행생활권을 형성하는 등의 항목이 들어 있다.

또한, 2004년 12월부터 시행된 '경관법'은 도시, 농산어촌 등에 있어 양호한 경관형성에 관한 기본이념 및 국가 등의 책무를 정함과 동시에 경관계획의 책정, 경관계획 구역, 경관지구 등에 있어 양호한 경관을 형성하기 위한 규제, 경관정비 기공에 의한 지원소요의 조치와 관련되어 일본에서 처음으로 시행한 경관에 관한 종합적 법률이다.

경관법은 거주민과 마을만들기 NPO가 직접 '경관계획'의 요소와 혁신안을 제안하도록 법률에 명시되어 있는 점 등, 거주민이 주체가 되어 자신들의 의지로 거리경관을 지키고 키워나간다는 생각에 기반을 두고 있다는 점에서 지금까지 없었던 새로운 형태다.

이 연구회에서 제시한 '걷고 싶은 생활환경'이라는 모델 이미지는 지금까지의 각 제언 등에서 정해진 '안심, 쾌적한 보행 생활권의 실현'과 '거주민이 존중하는 거리경관을 거주민의 의지로 만들어 나간다'는 사상과 의지를 같이 표현한 것이다. 이 연구회가 벌인 활동의 기본적인 시점은 적절하다고 할 수 있다.

지금부터는 거주민의 의지가 구현되는 도시 거주환경으로 향상시키기 위해 각각의 도시가 다양한 활동을 전개해 나가는 시대다. 그러기 위해서는 먼저 거리가 가진 현황과 특징을 거주민과 행정 등 거리에 관련된 사람이 인식하고 함께하는 것이 단서가 된다. 연구회에서는 '걷고 싶은 생활환경'이라는 시점과 함께, 일본의 각 도시와 거리가 어떤 매력과 특징을 가졌는가를 파악하고, 그 특성을 꼼꼼히 평가, 분석해 왔다.

다음 장부터는 지금까지의 연구성과로 얻은 '걷고 싶은 생활환경'을 실현하기 위한 도시현황과 거리의 매력을 발견하기 위한 실천수법을 소개한다.

사진 17. 어린이들이 안심하고 놀 수 있는 거리

'걸어서 생활할 수 있는 거리만들기' 구상

제언

'걸어서 생활할 수 있는 거리만들기' 구상이란, 지역에 대한 여러가지 방안과 발상을 원천으로 생활의 각 기능이 짜임새 있게 모여 가까운 곳에 직장이 있으며, 노약자도 문제없이 다닐 수 있는 등, 한 거리에서 폭넓은 세대가 교류하고 돕는 등의 활동을 통해 근거리 내에서 충실한 생활을 가능하도록 하고자 하는 시도다. 앞으로 본격적인 저출산·고령화사회를 대비해 안전하고 여유있는 생활을 실현하고자 하는 경제 신생대책에서 정해졌다.

기본적인 사고

'걸어서 생활할 수 있는 거리만들기' 구상은 아래에 열거한 거리를 만들기 위한 생각을 종합적으로 실현하고자 하는 것이다.

1. 생활의 각 기능이 짜임새 있게 모여 생활하기 편한 거리만들기

고령자라도 자택에서 걸어서 왕복할 수 있는 범위 내에서 사무실, 상점가, 공공 서비스 기관, 학교, 보육원 등을 시작으로 하는 복지시설, 문화·오락시설 등, 거주민이 일상생활에 필요한 시설을 잘 갖춘 거리만들기

2. 장애인과 노약자가 안전하고 쾌적하게 다닐 수 있는 즐거운 거리만들기

어린이부터 고령자까지 안심하게 이동할 수 있도록 자택에서 거리 곳곳에 턱 없이 이어진 공간을 확보하여 야간에도 밝고 안전하게 걸을 수 있는, 보행자와 자전거 중심의 쾌적한 거리만들기

3. 누구라도 살 수 있는 거리만들기

어린이를 키우는 세대, 고령자 세대, 독신자 등 폭넓은 세대의 주민이 커뮤니티로 연결되어 다양한 삶을 선택할 수 있는 거리만들기

4. 주민과의 협업에 의한 지속적인 거리만들기

단계적인 건물의 개축 등을 통한 시설정비에만 그치지 않고, 계획을 구상하는 단계부터 시설정비가 끝난 다음에 진행될 관리와 광장에서 벌일 지역축제나 행사 같은 지역활동 등에 주민, NPO, 기업과 행정이 힘을 합쳐 매력적인 거리로 키워나가는, 주민을 중심으로 한 지속적인 거리만들기

지원체제

국가는 '걸어서 생활할 수 있는 거리만들기'의 기본적인 사고를 바탕으로, 관계기관 연결회의와 상담창구를 설치하는 등, 필요한

체제를 정비하고 지방 공공단체의 주체적인 시도를 존중하며, 성공적으로 전개해 나가는 지자체의 사업 등에 대해 중점적으로 지원을 하고 있다.

모델 프로젝트의 실시

선도적인 '걸어서 생활할 수 있는 거리만들기'의 시도를 조기에 착수·실현시키기 위해, 국가는 공모를 통해 전국 지방 공공단체에서 지구를 선정하여 모델 프로젝트를 실시한다.

2000년도 선정 모델 지구(총 20지구)

홋카이도北海道	이와미자와 시 시岩見澤市
	다니키초 大樹町
미야기宮城	후루카와 시 古川市
아키타秋田	다카노스마치 鷹巣町
야마카타山形	츠루오카 시 鶴岡市
군마群馬	누마타 시 沼田市
도쿄東京	스미다 구 墨田區
니가타新潟	조에츠 시 上越市
도야마富山	도야마 시 富山市
이시카와石川	가가 시 加賀市
아이치愛知	가스가이 시 春日井市
	헤키난 시 碧南市
교토京都	교토 시 京都市
오사카大阪	도요나카 시 豊中市
시마네島根	마츠에 시 松江市
야마구치山口	야마구치 시 山口市
가가와香川	젠츠지 시 善通寺市
에히메愛媛	마츠야마 시 松山市
구마모토熊本	미나마타 시 水俣市
오키나와沖繩	오키나와 시 沖繩市

2001년도 선정 모델 지구 (총 10지구)

후쿠시마福島	후쿠시마 시 福島市
이바라키茨城	미토 시 水戸市
치바千葉	이치가와 시 市川市
가나가와神奈川	가와고에 시 川越市
시즈오카靜岡	하마마츠 시 浜松市
미에三重	구와나 시 桑名市
효고兵庫	고베 시 神戸市
도쿠시마德島	고마츠시마 시 小松島市
후쿠오카福岡	기타큐슈 시 北九州市
나가사키長崎	나가사키 시 長崎市

출전 :「걸어서 생활할 수 있는 거리만들기」관계기관 연결회의「걸어서 생활할 수 있는 거리만들기」추진요강 1999. 12.

경관법

경관법의 내용

경관법은 그 내용에 따라 크게, 경관에 관한 기본 법적인 부분과 양호한 경관형성을 위한 구체적인 규제와 지원을 정한 부분으로 나눠진다. 기본적인 법 부분에서는 양호한 경관형성에 관한 기본이념 이하 '기본이념'을 정함과 동시에 국가, 지방 공공단체, 사업자 및 주민의 책무를 명확히 하고 있다.

구체적인 규제 등에 관한 부분에서는 경관계획의 책정, 경관계획 구역, 경관지구 등에 있어 행위규제, 경관중요 공공시설의 정비, 경관협정의 체결, 경관정비 기공에 관한 양호한 경관형성에 관한 사업 등의 지원 등에 대해 정하고 있다.

개요

1. 기본이념

① 양호한 경관은 현재 및 미래에 있어 국민의 공유자산이다.

② 양호한 경관은 지역의 자연, 역사, 문화 등 사람들의 생활, 경제활동 등의 조화를 통해 형성되기 때문에 적절한 제한 아래서 그것들이 조화되도록 토지를 이용할 필요가 있다.

③ 지역의 개성이 확대되도록 다양한 경관형성이 계획되어야 한다.

④ 경관형성은 관광과 지역의 활성화에 큰 역할을 맡기 때문에 주민, 사업자 및 지방 공공단체의 협력에 의해 진행되어야 한다.

⑤ 경관형성은 양호한 경관의 보존뿐만 아니라 새로운 창출을 포함하는 것이다.

2. 책무

① 국가의 책무

• 양호한 경관형성에 관한 종합적인 시책을 책정하여 실시한다.

• 보급촉발 활동 등을 통해 국민의 이해를 높여간다.

② 지방 공공단체의 책무

• 양호한 경관형성에 관한 구역의 자연적 · 사회적 제 조건에 맞는 시책을 책정하고 실시한다.

③ 사업자의 책무

• 사업활동에 관해 양호한 경관형성을 위해 노력한다.

④ 주민의 책무

• 스스로 양호한 경관형성에 적극적인 역할을 다 하도록 노력한다.

3. 경관계획 제도의 창설

① 경관계획의 책정

경관행정 단체가 책정한다. 경관계획을 정하는 데 있어서는 공청회의 개최 등 주민의 의견을 반영하기 위해 필요한 조치를 마련한다. 또한 주민은 경관계획에 제안할 수 있다.

② 경관계획 구역 내의 건축물 등의 행위규제

경관계획 구역 내의 건축물 등에 관한 제출 · 권고에 의한 규제를 실시함과 동시에 경관행정 단체장은 필요한 경우 건축물 등의 형태 또는 색채, 그 외의 의장(형태의장)에 관한 변경명령을 내릴 수 있다.

③ 경관중요건조물

경관계획 구역 내의 경관상 중요한 건조물을 경관중요 건조물로 지정함과 함께, 현황을 변경할 때에는 경관행정 단체장의 허가를 필요로 한다. 또한 경관정비 기공이 관리협정을 체결하여, 경관중요 건조물을 관리할 수 있다.

④ 경관중요 공공시설의 정비 등

경관계획에 정해진 도로, 하천 등의 경관중요 공공시설에 대해서는 경관계획에 준하여 정비하도록 하며, 경관계획에 정해진 기준을 경관중요 공공시설의 허가기준에 추가할 수 있다. 또한 전선공동구의 정비 등에 관한 특별조치법의 특례를 정하며, 교통량이 그다지 많지 않아도 경관상 필요성이 높고 역사적 거리를 형성하는 지구 등의 중요한 비간선도로는 전선공동구를 정비해야만 하는 거리로 지정할 수 있다.

⑤ 경관농업 진흥지역 정비계획

경관계획 구역 내의 농업진흥 지역에 경관농업 진행지역 정비계획을 정해, 해당 지역 내의 토지이용에 대한 권고, 경관정비 기공에 의한 농지의 권리 취득 등을 할 수 있다.

⑥ 자연공원법의 특례

경관계획에 정해진 기준을 국립공원 등은 국가가 정한 공원에 관한 자연공원법의 허가기준에 추가한다.

⑦ 경관심의회

경관구역 내에 있어 양호한 경관형성을 위한 협의를 행하기 위해 경관행정 단체 등은 경관협의회를 조직할 수 있으며, 경관협의회에서 협의가 정해진 사항에 대해서는 존중하지 않으면 안 된다.

4. 경관지구 제도의 창설

• 시군마을은 시가지의 양호한 경관형성을 위해 도시계획에 건축물형태 의장의 제한, 건축물 높이 최고한도 또는 최저한도, 벽면의 위치 제한 등을 지정하는 경관지구를 정할 수 있다.

• 경관지구에서 건축물 등을 건축하려는 자는 해당 건축물의 형태의장이 경관지구의 도시계획에서 정하고 있는 건축물의 형태의장의 제한에 적합한지에 대해 시군마을의 인정을 받아야 한다.

• 높이의 최고한도 또는 최저한도, 벽면의 위치 제한은 건축확인으로 확보된다.

• 또한 시군마을의 조례에서 공작물의 건설, 개발행위 등에 대해서도 필요한 제한을 정할 수 있다.

• 나아가 시군마을은 도시계획구역 및 준 도시계획 구역 외의 경관계획 구역에 있어 준 경관지구를 정해, 조례로서 경관지구에 준하는 제한을 정할 수 있다.

5. 경관협정의 체결

경관계획 구역 내의 토지소유자 등은 경관협정을 체결할 수 있다.

6. 경관정비 기공의 지정

경관행정 단체는 양호한 경관형성을 위한 책무를 적절하게 행할 공익법인과 NPO법인을 경관정비 기공으로 지정할 수 있다.

출전 : 『국토교통』 2004년 9월호.

참 고 문 헌

川村健一・小門裕幸著『サスティナブルコミュニティ』学芸出版社、1995

早川和男著『人は住むためにいかに闘ってきたか―欧米住宅物語』東信堂、2005

ヘンリー・サノフ著、小野啓子役『まちづくりゲーム』晶文社、1993

(社)新都市ハウジング協会調査研究委員会 都市居住環境研究会編「都市居住についての意識調査」(社)新都市ハウジング協会、2000

(社)新都市ハウジング協会調査研究委員会 都市居住環境研究会編「多様な人が定住できる街」(社)新都市ハウジング協会、2001

東京都、「平成12年度東京都住宅白書」東京都、2001年

東京都、「平成15年度東京都住宅白書」東京都、2004年

(株)リビングデザインセンター OZONE情報バンク編「OZONEマーケティングレポートVol.5 コンパクトマンション購入者意識調査 居場所を楽しむ小さな暮らし」(株)リビングデザインセンター、2005

歩いて暮らせる街づくり関係省庁連絡会議「歩いて暮らせる街づくり推進要綱」国土交通省、1999

(株)都市構造研究センター「海外レポートドイツ ミュンヘン／高層ビル建設で市民投票―99m超の高層建築物を禁止!!」(株)都市構造研究センター、2005

運輸政策審議会 答申第20号「21世紀初頭における総合的な交通政策の基本的方向について―経済社会の変革を促すモビリティの革新」国土交通省、2000年

社会資本整備審議会 答申「都市再生ビジョン」国土交通省、2003年

「2004年マンション市場の総括と2005年の見通し」『CRI』2005年2月号、(株)長谷工総合研究所

「美しく魅力あるまちを目指して 景観緑三法」『国土交通』2004年9月号、国土交通省

伊藤邦男、藤盛紀明、田原靖彦、橋本修左、斉藤一彦「都市居住に関する意識調査（その1）望ましい都市居住のコンセプト」『日本建築学会大会学術講演梗概集F-1』2000

那須守、橋本修左、浅倉与志雄、田村慎一「都市居住に関する意識調査（その2）望ましい都市居住のコンセプトに対する居住者の意識」『日本建築学会大会学術講演梗概集F-1』2000

斉藤一彦、浅倉与志雄、那須守、伊藤邦男、薬師寺博治「都市居住に関する意識調査（その3）コミュニケーション、アイデンティティ、ヒューマンスケールに対する居住者の意識」『日本建築学会大会学術講演梗概集F-1』2000

United Nations HP
http://www.un.org/esa/population/

総務省統計局HP
http://www.stat.go.jp/data/

江東区HP
http://www.city.koto.lg.jp/

(株)都市構造研究センターHP
http://www.usrc.co.jp/

青森市HP
http://www.city.aomori.aomori.jp/

Chapter 02

걷고 싶은 거리의 매력이란

2-1 걷고 싶은 거리의 매력요소

이 장에서는 제1장에서 서술한 '걷고 싶은 생활환경'이란 어떠한 환경인가를 그려보고자 한다. 그 환경을 구성하는 '거리의 매력요소'란 거리를 걸으면서 발견되는 생활의 매력이 되는 환경요소다. 여기서는 '아이덴티티', '휴먼스케일', '커뮤니케이션', 이 세 가지 측면에서 구체적인 사례를 제시하고, 앞으로 '걷고 싶은 생활환경'의 실현에 필요한 관점과 새로운 가치관을 제안한다.

칼럼에서는 이러한 '거리의 매력적인 요소'를 활용한 해외의 걷고 싶은 마을만들기 사례를 소개하고, 그 매력의 발견방법과 능력을 키워나가기 위한 다양한 시도에 대해 해설한다.

자동차 의존사회의 발달은 지방도시, 특히 중심시가지의 쇠퇴를 불러왔다. 그 가운데 최근 지구 환경문제와 급속한 고령화를 배경으로 한 새로운 도시상像인 걸어서 생활하는 것을 콘셉트로 한 마을만들기를 시도하는 사례가 일본에도 나타났다.

그렇다고 해서 걸으며 쾌적하게 살 수 있는 매력이 없다면 편리한 자동차 생활에서 바로 걸어서 생활하는 환경으로 전환하기는 힘들 것이다. 그럼, 걸으며 살아가기 위한 매력이란 어떠한 것일까? 안전한 보도와 대중교통의 정비 등 하드웨어적인 것도 있으나, 거리의 역사와 자연환경 등 여러가지가 집약된 것이야말로 걷고 싶게 만들기 위한 매력이 된다.

걷고 싶은 거리의 매력이란 무엇인가? 그것을 알기 위해서는 먼저 실제로 자신의 거리를 걸어보는 것이 중요하다. 걷는 것을 통해 지금까지 보이지 않던 새로운 거리의 매력을 찾을 수 있을 것이다.

여기에서는 걷고 싶은 마을만들기를 위한 힌트가 되는 거리의 매력요소를 앞에서 제시한 '아이덴티티', '휴먼스케일', '커뮤니케이션' 세 가지 측면에서 생각해 보고자 한다.

칼럼 _ 03

거리의 정보원

실제로 거리를 걷기 전에 사전조사를 하는 이유와 정보자료, 시점을 소개한다. 거리의 역사, 지형, 자연, 산업 등에 대해 문헌과 잡지, 인터넷을 이용하여 조사하고, 지도와 항공사진, 전망대 등에서 바라보며 거리의 전체상을 자신의 눈과 머리로 느낀다.

자신의 흥미와 보는 시점으로 좁혀 본다. 먼저 흥미를 가지는 것이 사전조사의 큰 목적 중 하나다. 예를 들어, 거리에도 역사가 있다. 거리의 성립과정과 구조를 알아가며 자신도 그 역사의 일부라는 것을 인식할 수 있으며, 거리에 대한 애착도 높아진다.

거리에 대해 조사하기 위해서는 아래와 같은 정보자료가 있다도쿄의 경우.

■잡지 : 「산책의 달인」, 「도쿄인」, 「도쿄 캘린더」

■기관지 · 웹지 : 「마치나미」도쿄도 방재 · 건축 거리만들기 센터, 「谷根千」谷根千工房

■텔레비전: 「작은 여행」, 「ぶらり途中下車の旅」, 「출몰 광고거리 천국」

■웹 : 「타운 정보 네트워크」http://www.서-net.co.jp/index.html

■각 자치단체 광고지와 홈페이지

■지도 : 「지도관람 서비스」국토지리원 http://watchizu.gsi.go.jp/

　　「복원 · 에도 정보지도」아사히 신문사

그 외 자신의 흥미에 맞추어 조사해도 좋다. 단, 너무 깊이 파고 들어갈 필요는 없다. 중요한 것은 실제로 걸으며 자신의 눈으로 보는 것이다.

2-2 아이덴티티로 본 거리의 매력

수호신의 숲
도쿄·닛포리에 있는 스와(諏訪) 진자.
8월에는 큰 축제가 열린다. 가까운 후
지미자카(富士見坂)는 도심에서 유일하
게 후지산이 보이는 언덕으로 유명하
다.

골목
골목은 시가지의 보고다. 어린이들의
놀이터나 사람 사는 이야기를 나누는
사교장 역할을 하고 있다.

제1장에서 소개한 설문조사 결과, 도시 거주민이 느끼고 있
는 거리의 개성은 '공원과 녹지가 많은', '대중교통망이 정비
되어 있는', '아름다운 거리·가로수길' 등 생활 가까운 곳에
서 느낄 수 있는 삶의 편리함으로 이루어져 있다는 것을 알게
되었다. 그렇다면 거리에서 마음을 치유하는 '녹음', 자가용차
에 의존하지 않기 위한 '대중교통', 다양한 생활방식을 수용하
는 '집적集積과 선택'이라는 세 가지 측면에서 거리의 매력을
생각해 보자. 개성적인 거리에는 먼저 삶의 편리함을 느낄 수
있는 기반을 만들어야 하며, 그 다음에 지역마다의 '거리의 개
성'과 각각의 매력을 높여 나가는 것이 바람직하다.

세 가지 요소를 균형있게 실현하기 위한 방법은 지역에 따
라 다르며, 그것이 거리의 아이덴티티를 키워나가는 기반이
된다.

1. 다채로운 녹음을 가진다

골목이나 도로부터 공원, 각 지역의 가로수까지, 다채로운
녹음이 대상이 된다. 풍부한 녹음이 주는 윤택함은 사람의 마
음을 치료함과 동시에 거리의 아이덴티티가 된다. 자치단체에
의한 녹화조례나 가로수의 식재만이 아닌 개인 정원이나 현관
앞의 원예, 맨션 발코니의 화분도 그 거리가 가진 고유한 풍경
을 창조하는 데에 기여한다.

수호신의 숲

생활 가까이에 있는 녹음으로서 수호신의 숲이 있다. 녹음이 전하는 활기와 어릴 때 놀았던 기억, 도시의 기억을 연결하는 요소로 소중히 지켜나가야 하는 곳이다.

골목

생활 가까이 있는 녹지 공간인 골목은 방재측면에서는 비상시 위험요소가 된다. 차가 들어갈 수는 없지만 녹음에 둘러싸인 좁은 골목은 사람들에게 사랑받는 소중한 곳이다.

화단

현재 흔히 보이는 블록 담은 지진과 같은 재난 시에는 넘어지기 쉬우며, 그 밑에 사람이 깔린 예가 보고되어 있다. 또한, 범죄자가 숨어 있기 쉬운 공터는 범죄에 노출되기 쉽다. 그러나 탱자나무나 장미를 심은 화단은 그럴 염려가 없다. 범죄·재해를 예방하면서도 거리를 아름답게 가꾸기 위해서 화단이 주는 이점을 다시 한번 생각해볼 필요가 있다.

녹음이 있는 발코니

집합주택의 창가와 발코니를 나무와 꽃을 적극적으로 장식하는 것은 유럽에서 흔히 볼 수 있는 거리의 풍경이다. 길을 지나다니는 사람들의 눈을 즐겁게 하는 입체적인 푸르름은 거리의 재산이 된다.

2. 누구에게나 편리한 대중교통

충실히 짜여진 '대중교통'은 보행과 자전거를 중심으로 한 생활을 지탱하는 중요한 도시기반이다. 통근과 통학 이외에도 대중교통을 적극적으로 이용하는 것은 도시다운 편리한 삶을

화단
화단은 수려한 경관과 주거환경을 실현하기 위해서도 효과적이다. 이웃과의 소통도 자연에서 태어난다.

녹음이 있는 발코니
거리에 접한 베란다를 꾸민 화분은 가로수와 함께 거리를 풍요롭게 물들이는 상승효과를 가져온다.

디맨드 버스
도쿄 무사시노 시내를 다니는 이 버스
는 시내의 교통공백 지역의 해소를 목
적으로 5개 노선을 운행하고 있다. 정
년 퇴직자의 재취업에도 도움이 된다.

노면전차(LRT)
도내를 달리는 적은 수의 노면전차 도
덴아라카와센. 선로를 따라 여유롭게
즐기는 여행으로 유명하다.

충실하게 한다. 유럽에서는 향후 고령자사회와 환경문제에 대
처하기 위한 방향설정을 위해 도시에서 노면전차의 이점을 새
롭게 조명하고 있다. 그를 위해서는 무엇보다 편리하게 사용
하는 것이 중요하다. 배리어 프리barrier-free; 장애인이나 고령자들도 문
제 없이 사회생활을 할 수 있도록 물리적인 장애물을 제거하는 것와 안전에
대한 충분한 대책이 필요하다.

디맨드 버스

생활에 밀접한 대중교통으로 각광받고 있는 커뮤니티 버스
로서, 정류소가 아닌 장소에도 쉽게 내릴 수 있는 등 보행자의
생활을 뒷받침하는 편리함이 거리의 매력을 높이고 있다. 한
편, 좁은 길에 진입하여 보행자에게 방해가 된 예도 있으며, 노
선의 설정과 버스 이외의 차량은 통행을 금지하는 등에 대한
방안이 필요하다.

노면전차(LRT)

환경문제나 교통정체 등 도시문제에 대한 해결책 중 하나
로, 특히 유럽에서 적극적으로 도입하고 있다. 일본에서도 고
령화사회를 대비한 편리한 대중 교통수단 및 거리의 얼굴로서
노면전차를 새롭게 바라봐야 할 것이다.

3. 시간의 축적, 기호의 선택

시간과 함께 태어나고 자란 다양한 '축적' 중에서 '선택'할
수 있는 것이 거리의 매력이 된다. 낡은 것과 새로운 것이 조
화롭게 섞인 변화로운 거리, 일상생활 속에서도 새로움을 발
견할 수 있으며 오래 전부터 친숙한 가치를 재발견할 수 있는
거리야말로 개성있는 거리라고 할 수 있다. 또한, IT 시대를 맞

이하는 가운데 사람끼리의 교류 속에서 생겨나는 삶의 정보와 지식이 모여 다양한 선택권을 가질 수 있는 것이 도시에서 느낄 수 있는 큰 삶의 매력이 된다.

상점가의 활기

상점가를 중심으로 한 구시가지의 쇠퇴가 지방의 큰 문제가 되고 있다. 교외의 대형 쇼핑센터에서는 볼 수 없는 시간의 축적이 상점가의 특징이며, 낡은 것과 새로운 것이 모여 개성과 거리의 새로운 활기를 만들어 간다.

상점가의 활기
도쿄 스기나미 구의 고엔지 상점가는 낡았지만, 최신 패션상품을 파는 상점으로 단장되어 있다.

다양한 생활방식의 대응

많은 선택항목 가운데 자신이 선호하는 상품을 발견할 수 있는 것이 도시생활의 매력이다. 개성있는 상점과 세련된 상점에서 직접 물건을 보면서 고를 수 있는 매력이 사람을 끌어들이고 활기를 창출한다.

다양한 생활방식의 대응
신선한 생선가게와 식료품점, 인테리어와 식기를 파는, 다양하고 개성적인 점포가 일상적인 쇼핑을 즐겁게 한다.

4. 거리의 개성을 키운다

'거리의 개성'이라는 씨앗은 살고 있는 거리 속에 이미 있는 것일지도 모른다. 오래 전부터 친숙한 하천과 오래된 건물 등, 자신이 사는 거리에 대한 '기억'의 새로운 '축적' 속에서 '편한 삶을 누릴 수 있는' 실마리를 반드시 찾아낼 수 있다. 혹시 그 개성을 발견한다면, 공유하고 키워내어 거리의 아이덴티티를 강하게 다져간다.

가로수

중앙로에 늘어선 잘 관리된 벚꽃과 은행나무 등의 가로수가 계절에 따른 개성적인 거리풍경을 만들어 상징적인 긍지를 주며 거리수준을 높여낸다.

가로수
도쿄 구니타치 시의 다이가쿠토오리(大學通リ)의 벚나무 가로수. 봄이 되면 많은 사람이 모여 활기로 넘친다

노면전차를 살린 거리의 활성화 - 스트라스부르

스트라스부르의 노면전차Light Rail Transit는 1994년 12월 A노선을 처음으로 개업했다. 노선 길이는 9.8km로, 역은 19곳이 있다. A노선에는 운하·고속도로·중앙역 밑으로 1.2km 터널이 있다. 그 후 A선은 1998년 2.8km를 연장하여 역 4개를 더해 22개 역이 되었다. 동시에 새롭게 A노선의 복선화로 D노선을 개통했다.

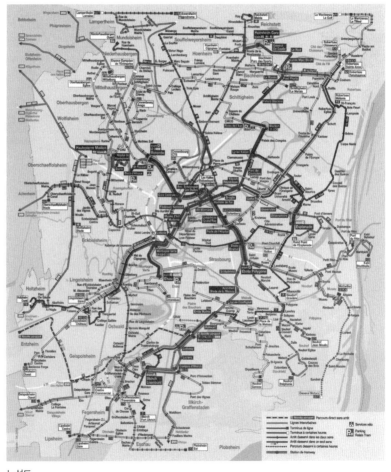

노선도

다음으로 B노선이 전체길이 12.6km, 24개 역으로 2000년 9월에 운행을 개시했다. 현재 이 B노선의 일부는 C노선과 같이 운행되고 있다.

노면전차는 저면식이며, 자전거를 들고 탈 수도 있다. 또한 유모차의 승차도 자주 볼 수 있다.

남북선과 동서선의 교차점에 해당하는 옴 므 드 페르Homme de Fer 역 부근은 활기 넘치 는 트랜싯 몰로 되어 있다.

스트라스부르의 노면전차 도입으로 중심 시가지 내의 이동수단 비율의 변화는 흥미로 운 양상을 보인다. 1988년과 1997년을 비교해 보면 중심시가지 내의 짧은 거리를 이동하는 쇼핑객은 오토바이와 자전거를 이용하는 비 율이 반감하고, 대신 보행과 대중교통 이용 이 증가하고 있다. 자가용차 이용은 거의 늘 지 않았다.

또한, 다소 이동거리가 긴 교외 및 중심시 가지로 쇼핑을 하는 사람의 교통수단은 노면 전차 정비 이후, 오토바이와 자전거가 큰 폭 으로 줄었다. 자가용차도 다소 줄었다. 대신 대중교통의 이용이 확실히 증가하고 있다.

노면전차와 승강장의 단차는 거의 없다

자전거를 차량에 싣고 있는 여성

트랜싯 몰

수변공간 1
스미다(隅田) 강은 봄꽃 구경과 여름 불꽃놀이 대회만이 아닌 평소에도 사람들이 쉬는 장소로 친숙한 곳이다.

수변공간 2
깨끗하게 정리된 강 주변은 즐거운 풍경이다.(교토)

공용공간
미국 세클라멘트 시의 사우스사이드 파크 공동주택의 공용공간. 거주민만이 모이는 장소로 바비큐 파티도 열린다

수변공간

제방을 쌓거나 둑을 보호하는 획일적인 방법으로 안전성을 높이는 것만이 아닌, 거리를 흐르는 강을 수변공간으로 활용한다. 또한 그곳에서 열리는 이벤트는 거리의 아이덴티티를 공유하고 커뮤니케이션을 다지는 절호의 기회가 된다.

공용공간

여러 거주민이 공동으로 사용하는 열린 공간으로, 불특정 다수가 이용하는 것을 전제로 한 공공장소와는 다르다. 거주민끼리 벤치를 놓거나 녹음을 활용하여 기호에 맞게 장식하는 등, 거주민의 커뮤니케이션을 촉진하고 개성있는 마을만들기에 공헌한다. 볕이 잘 들고 전망이 좋은 거실을 확보하는 것도 효과적이다.

수변을 활용한 계획 - 파리 플라쥬

여름 휴가철에 파리를 떠나지 않는 사람들과 관광객을 위해 세느 강변을 해변처럼 만든 계획이 파리 플라쥬Plage이며 2001년부터 시작되었다.

그 목적은 활발한 여가활동을 할 수 있는 공공공간을 만들고, 많은 사람들이 자유롭게 무료로 참가할 수 있는 행사를 열어 이상적인 인공해변을 만드는 것이다. 구체적으로는 세느 강변 주변도로를 달리는 자동차를 제한하고 모래를 깔아 도로공간을 인공해변으로 변신시켰다. 인공해변에는 산책길 역할을 더해 여러가지 공연을 하고 있으며, 매년 대성공을 거두고 있다.

2003년에는 300만 명이 파리 플라쥬를 방문해, 전년보다 70만 명이 증가했다. 한 철 개장하는 해수욕장이라는 이 콘셉트는 같은 해에 프랑스에서는 리옹, 툴루즈, 국외에서는 베를린과 부다페스트에도 채용되었다.

파리 플라쥬는 매년 규모가 확대되어, 2004년에는 7월 21일부터 8월 30일까지 개최되었다. 퐁 네프 다리 부근에 500㎡의 나무 격자해변, 옵 샹쥬 다리 부근에는 600㎡의 하브 정원 해변, 노트르담 다리와 아르코르 다리 사이에는 700㎡의 모래해변이 나타났다.

사용된 모래는 2,000톤이나 되며, 40그루의 야자나무, 25그루의 서어나무가 사용되었다. 그 총 사업비 약 201만 유로 중에서 31.4%는 파리 시, 남은 68.6%는 협찬기업이 부담했다. 그 해의 방문객은 390만 명을 넘었다.

2005년, 파리 플라쥬는 7월 21일부터 8월 21일까지 개최되어, 3.9km의 해안에 모래 1,500톤이 사용되었다. 같은 해에는 '프랑스의 브라질의 해'로서, 브라질 색이 도입된 취향으로 정돈되었다. 구체적으로는 장소를 3가지 지역으로 나누어, 각각 이파네마, 마라카나, 코파카바나라는 이름을 붙여 해변 축구, 삼바, 카니발 등이 성대히 열렸다. 또한 개최장 내에 상점 3곳을 마련하여, 행사와 관련된 특산품티셔츠, 모자, 깃발, 머그컵, 시계, 컵홀더 등을 판매하고 있다.

리옹에서는 2003년부터 문을 연, 가볍게 즐기는 주점이라는 뜻의 guinguettes에 개최기간인 4일 동안 25만명 이상이 방문하여 성공을 거두었다. 이 주점은 2004년 7월 9일부터 18일까지 10일간 론 강변의 Collège 보도교와 Guillotière 교 사이의 1km 구간에서 개최되었다. 자동차를 통제한 28개의 테마가 있는 노점이 설치되었다.

툴루즈에서는 Toulouse cote Plage라고 불리며, 2003년에는 Bourelly de Filtre를 따라 200m에 걸쳐 모래를 깔고, 7월 21일부터 8월 24일까지 개최되었다. 해변 축구와 해변 럭비 등이 열렸으며, 2004년에는 7월 3일부터 8월 29일까지 32만명이 방문했다.

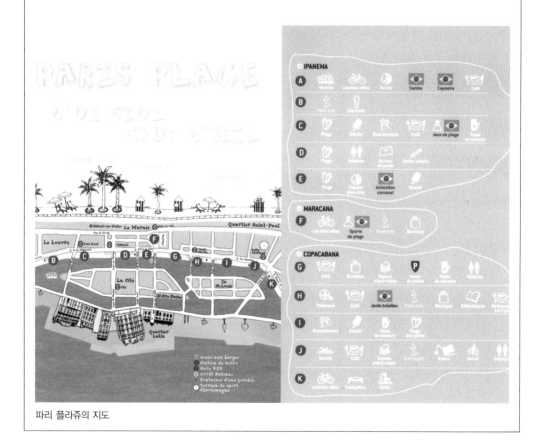

파리 플라쥬의 지도

2-3 휴먼스케일로 본 거리의 매력

휴먼스케일 마을만들기에 대해서는 그 전제로 '보행자 중심'이라는 사회적 규칙이 필요하며, 모든 규칙이 확립되어 있는 서구 도시에서는 수많은 성공사례가 있다. 한편, 일본에서는 보행자가 주역이어야 할 주택가 도로까지 많은 통과차량이 오가는 샛길이 되어 사회문제가 되고 있다. 보행자가 우선시되는 마을을 만들고 편안한 환경의 사회를 만들기 위해서도 '차 중심'의 사고에서 벗어난 큰 발상의 전환이 필요하다.

1. 차에 의존하지 않는다

차에 의존하지 않는 거리를 위해서는 보행권 내에 짜임새있는 일상생활에 필요한 기능이 모여있어야 한다. 그리고 보행을 위한 활동범위를 넓히는 데 꼭 필요한 것이 대중교통을 정비하는 것이다.

서구에서는 노면전차 등 대중교통과 보행자가 공유하는 트랜싯 몰이 많으며, 거리 어디에서나 대중교통과 보행으로 왕래할 수 있도록 되어 있다. 따라서 차의 의존도가 자연스럽게 낮아지는 경향을 가져오는 것이다. 그렇다고 대중교통만 잘 갖추었다고 되는 것이 아니며, 단차나 장애물을 없애 누구라도 편리하게 사용할 수 있는 인간중심 디자인을 잊어서는 안된다.

동시에 친환경적인 생활의 다리 역할을 하는 자전거도 중요

트랜싯 몰
미국 세크라멘트 시에 있는 트랜싯 몰.
일반차량은 들어갈 수 없다

자전거 전용도로
도쿄 구니타치 시의 다이가쿠토오리에
는 자전거 전용도로가 정비되어 있다.

주택지 내의 보행자 전용도로
미국 빌리지 홈즈에 있는 온화하게 뻗
어 있는 주택지 내의 산책길

한 교통수단이 된다. 자전거가 보행에 방해되지 않도록 자전거 전용도로와 전용주차장을 마련하는 방법과 함께 디자인도 중요한 테마가 된다.

트랜싯 몰

트랜싯 몰은 일반차량을 없애고 노면전차 등 대중교통과 사람이 주인이 되는 보행공간이다. 정류소에는 휠체어도 편하게 이용할 수 있도록 리프트가 준비되어 있는 곳도 많다.

자전거 전용도로

친환경적으로 행동범위를 넓힌 생활의 발로 주목받고 있는 것이 자전거다. 보도, 차도 어디라도 명확히 분리된 자전거 전용도로가 거리 곳곳으로 연결되어 있으면, 보행자도 자전거도 쾌적해진다.

주택지 내의 보행자전용 도로

서구 도시에는 자동차도로와 분리된 보행자전용 보행도로가 설치되어 있는 주택지를 쉽게 볼 수 있다. 이곳에서는 보행자와 자전거가 함께 통행할 수 있어 길을 가는 사람들이 가볍게 인사를 나누며 마음을 여는 커뮤니티 공간이 되고 있다.

2. 안심하고 걷는다

단차나 장애물을 없앤 보행자 전용도로를 마련하고 벤치 같은 도심 구조물과 휴식공간을 정비하여, 어린이부터 고령자, 장애인까지 안전하게 걸을 수 있는 공간을 만들어 나간다.

거리에 인접한 주택가와 밤에도 밝게 빛을 내는 상점가의 진열장 등, 곳곳에 미치는 사람의 눈길이 범죄예방에도 도움이 된다.

자전거에 관한 여러가지 시책 - 파리 시내

파리 시는 경찰서와 자전거협회가 협의를 거쳐 버스전용선에 자전거를 개방한 후로, 버스 운전자와 자전거 운전자의 안전을 고려한 120km 버스전용선에는 자전거가 함께 달리고 있다.

버스전용선에는 추월할 때, 선을 벗어나도 되는 오픈 라인과 벗어나면 안 되는 클로즈 라인이 있다. 자전거와 버스가 함께 달리기 위해 마련된 평균 폭 3~3.5m인 버스전용선은 오픈 라인인 경우, 자전거에 개방해도 충분

한 여유가 있다. 또한, 중심시가지에서는 버스와 자전거의 속도가 느리고 버스 정류장의 간격도 200m 정도로 짧아 버스의 평균속도도 빠르지 않다는 점도 함께 달릴 수 있는 이유다.

단, 클로즈 라인의 경우는, 폭이 3.5m~4.3m라도 자전거가 안전하게 달리기는 어렵다.

공존구간의 노면표식에는 버스와 자전거 표시가 번갈아 그려져 있는데, 버스는

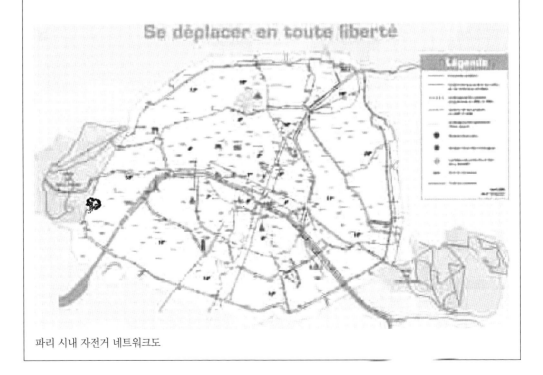

파리 시내 자전거 네트워크도

'BUS' 라는 문자로, 자전거는 로고로 표시되어 있다.

이러한 자전거용 도로의 확충과 함께 자전거 정류장 'maisions Roue Libre'의 정비도 진행되고 있다. 이것은 파리 시와 지하철, 버스를 운영하고 있는 파리 시 교통공단RATP이 공동운영하는 곳으로 1994년 6월 6일 바스티유에 제1호를 열었다.

현재는 레알에 두번째 역이 생겼다. 여기서는 자전거 대여 외에도 간단한 자전거 수리와 보관 서비스, 산책과 여행 가이드, 전문가를 위한 세미나 제공 등을 실시하고 있다. 나아가 파리 시 교통공단은 버스를 개조한 사이클로 버스Cyclobus라는 자전거 대여소도 시내에 4곳을 배치하였다. 사이클로 버스는 60대의 자전거를 수용할 수 있고 악천후를 제외하고는 4~10월 중 일요일과 국경일에 10시부터 18시까지 영업하고 있다. 동시에 파리 시 교통공단은 자전거 보관소의 설치도 적극적으로 시행하고 있다.

또한, 2004년 6월 5일 이후, 주차장 개발운영회사SAEMES와 자전거 정류장을 만들고 파리 시내에 있는 8곳의 지하주차장에서 주차 보관 서비스를 개시했다.

도심 구조물

안전하게 걸을 수 있는 보도와 함께, 피곤할 때는 언제라도 쉴 수 있도록 벤치 같은 도심 구조물이 정비되어 있으면 어린이와 고령자도 더 편하게 외출할 수 있게 된다.

노천 카페

즐겁게 걸으며 편하게 안정을 취하거나 만남의 장소로도 제격인 노천 카페는 풍부한 거리표정을 효과적으로 연출하며, 활기와 윤택함을 높일 수 있다.

진열장

셔터가 내려진 점포와는 달리, 폐점 후에도 윈도 쇼핑을 즐기며 낮과는 다른 밤 거리의 표정을 연출할 수 있다. 야간에도 조명이 켜져 있으면 안심하고 걸을 수 있다.

3. 즐겁게 걷는다

가로수와 산책로, 활기가 넘치는 쇼핑몰 등을 통해 즐겁게 걸을 수 있는 구조를 만들어야 한다. 보행자의 시선과 걷는 속도에 따라 거리와 자연스럽게 하나가 되어 끊김없이 거리경관을 즐길 수 있는 인간중심의 뛰어난 디자인 감각이 필요하다.

또한, 조명을 비춘 상점가의 진열장은 밤 거리를 화려하게 물들이며 사람을 끌어들이는 도시만이 가진 독특한 경관이 되기도 한다.

산책로

수로를 따라 도심 구조물이 잘 정비된 보행로에서는 어린이도 고령자도 즐겁게 걸을 수 있다. 주택지와는 달리, 하천가와 야산의 보행로 등 그 장소를 둘러싼 자연 특색을 살린 보행공

도심 구조물
쇼핑 몰 내의 벤치. 가로수 옆에 놓여져 있기 때문에 그늘에서 쉴 수 있다.

노천 카페
노천 카페는 거리 자체를 세련되게 연출한다. 그 대신 충분한 넓이의 보행공간을 확보해야 한다.

상점의 진열장
격자무늬 셔터를 이용하면, 진열효과를 내면서 범죄예방에도 좋다.

산책로
도쿄, 가미요가 역과 세타가야 미술관을 연결하는 가미요가 산책길에는 수로와 개성적인 도심 구조물이 정비되어 있다.

쇼핑몰
활기 넘치는 도쿄, 야나카의 상점가. 각 점포에 걸려 있는 독특한 아이디어의 목제 간판이 오랜 거리다운 통일감을 만들고, 눈을 즐겁게 해준다.

간을 갖춰야 한다.

쇼핑몰

활기 넘치는 상점가에 차가 들어올 수 없기 때문에 고령자와 어린이를 데리고도 여유롭게 쇼핑을 즐길 수 있다. 계절마다 열리는 이벤트와 복권추첨은 지역의 연례행사가 되어 커뮤니케이션을 활성화시키는 역할을 맡고 있다.

민간회사가 무료로 제공하는 스트리트 퍼니처 – 파리 시

흥미로운 해외 사례로, 파리 시에서는 민간회사가 도심 구조물을 무료로 설치하고 청소, 보수, 점검 서비스를 하고 있다. 이 민간회사는 구조물의 광고수입으로 그 비용을 회수하고 있다. 이 사업수법은 유럽에서는 일반적이며, 샹젤리제 거리에도 신호등, 가로등, 벤치, 버스 정류장 및 공중전화를 이 수법으로 설치하였다.

파리 시의 경우, 1972년 이후로 JC데코사에 사업을 맡기고 있다. 파리 시 전체에 무상제공되어 있는 도심 구조물로는 아래와 같다.

• 버스 정류장 1,860곳공중전화 부착형 포함
• 공중 화장실 410곳
• 휴지통 11,600곳
• 교통 표지판 3,320곳
• 시내 안내판이 있는 광고판 3,670곳
• 광고탑 790곳
• 파리 시 전용 전기정보판 160곳 등

JC데코사의 버스 정류장(스웨덴 예텐보리 시)

JC데코사는 1964년에 프랑스에서 광고사업을 시작하여, 현재는 유럽 옥외광고 사업에서는 최고의 회사가 되어 있다. 지금은 세계 45개국 3,500개 도시에서 서비스를 제공하고 있으며, 도심만이 아닌 공항까지 사업영역을 확대하고 있다.

JC데코사와 미츠비시 상사가 공동출자한 MC데코사는 2004년 요코하마 시에서 일본에서는 처음으로 버스 정류장에 광고를 부착하는 설치계약을 맺었는데, 버스 정류장 500곳에 20년 동안 설치할 수 있는 조건이었다. 구조물 디자인은 유럽에서 저명한 건축가와 디자이너노먼 포스터, 필립 스탈크, JM 빌모트, 마리오 베리니 등가 하였으며, 요코하마의 디자인은 일본 GK설계가 맡았다.

또한 2005년 12월에는 고베 시에도 시범적으로 6개월간 13곳의 버스 정류장을 설치하여, 시민에게 좋은 반응을 얻고 있다. 또한, 고베 시는 MC데코사와 300곳의 버스 정류장과 600개의 광고판을 20년 동안 제공하는 계약을 맺을 예정이다.

도시의 프롬나드

2-4 커뮤니케이션으로 본 거리의 매력

현 시대에 어울리는 '도시형 커뮤니티'란 어떠한 것일까? 지금까지 커뮤니티는 마을모임이나 자치회로 대표되는 '지연적 커뮤니티'가 중심이었다. 그러나, 각지에 모여사는 현재의 도시 거주환경에서 본래의 '지연'은 그다지 의미가 없기 때문에 앞으로 새로운 커뮤니티를 정의할 필요가 있다.

제1장에서 소개한 설문조사 결과에서 다양한 생활방식을 가진 사람들이 유입되고, 또한 그러한 사람이 다양한 목적과 관심을 가지고 자유롭게 참가할 수 있는 커뮤니케이션 공간과 방법이 필요하다는 것을 알게 되었다. 말하자면 '구속받지 않는 유연함'이 앞으로 도시형 커뮤니티가 요구하는 모습이라고 말할 수 있다. 여기서 누구나 필요하다고 느끼면서도 귀찮게 여기기 쉬운 '커뮤니케이션'을 2종류로 나누고, 각각의 역할에 대해 생각해 보자. 하나는 지금까지도 있었던 마을모임이나 자치회와 같은 그 마을에 살아가며 생기는 '지연적 커뮤니케이션'이고, 또 하나는 취미활동이나 봉사활동 등 자신의 의지로 참가하며 생기는 '선택적 커뮤니케이션'이다.

1. 지연을 살린다

도시에 살다보면 지연적인 관계는 아무래도 구속감과 간섭으로부터 자유롭기 힘들다. 한편, 최근 주택지에서는 범죄가 증가하고 자연재해가 발생하면서 지연적인 커뮤니티의 중요성이 주목받고 있다. 그리고 '거리의 안전'이라는 주민이 공감할 수 있는 목적을 위해 '최소한의 활동'에서 시작하는 것이 중요하다. 여기서 최소한의 활동이란, 거주민들끼리 서로 얼굴을 알아가는 것이다. 서로의 생활방식과 사생활에 간섭하는 것은 불필요하지만, 서로 인사를 하거나 얼굴을 아는 것만으로도 안도감이 생긴다. 여기에 자유롭게 참가할 수 있는 거리 환경을 개선하기 위한 활동 등을 거리의 자산가치를 높이는 방향으로 진행한다면, 더욱 적극적으로 커뮤니케이션이 성장할 수 있을 것이다.

주민방범대

지역 방범을 목적으로 커뮤니티가 형성된 지역에 항상 지켜보는 눈이 있다는 점을 알리기 위해 시작된 활동이다. 개인의 경계만이 아닌 지역 전체의 안전이라는 공통된 목적이 이웃 간의 상호협력을 통해 더욱 명확해진다. 이러한 공통된 목적을 가지고 활동함으로써 튼튼한 지역 커뮤니티가 구축될 수 있다.

공원

가까이에 위치한 커뮤니케이션 공간인 공원이나 작은 놀이터는 어린이에게 놀이를 통해 자연 속에서 새로운 친구를 만들 수 있게 하고, 어른에게는 서로 만나는 기회를 제공한다. 어린이가 놀이를 통해 사회성을 배우기 위해서라도 안전하고 즐겁게 놀 수 있는 공간이 확보되어야 한다.

우물

'우물가 회의'라는 말 그대로, 오래 전에는 우물이 주민들의 만남의 장소로 이용되어 왔다. 최근에는 거의 볼 수 없지만 지

주민방범대
미국 빌리지 홈즈에서는 지속가능한 커뮤니티 환경을 실현하여 거리의 가치를 높이는 데 성공했다.

공원
어디에서나 공원은 도시의 중요한 커뮤니티 장소다. 어린이들만이 아닌 누구나 이용하고 싶도록 나무를 심어 쉴 수 있는 분위기를 만들 필요가 있다.

진 등 비상시에 생활용수를 확보한다는 점에서 우물의 중요성은 새롭게 조명받고 있으며, 거리의 커뮤니티를 구성하는 장치의 부활에도 효과적이다.

커뮤니티 화단

꽃과 나무로 풍요로운 생활환경을 만드는 것은 많은 사람들이 손쉽게 참여할 수 있는 활동이다. 특히, 각자의 정원을 갖기 힘든 집합주택에서는 공동의 정원이 되어, 얼굴을 익힐 수 있는 공간으로도 활용된다.

점포와 거주민 간의 커뮤니케이션

매일 물건을 사면서 생겨나는 커뮤니케이션이다. 계절마다의 음식재료와 소재에 맞는 요리법, 쇼핑 이외의 정보 등, 대형마트에는 없는 만남이 생겨난다. 다른 한편으로는 과잉포장을 방지하고 필요한 양만 구입할 수 있는 장점도 있다.

2. 취미를 살린다

각 개인의 목적에 맞게 이루어지는 커뮤니케이션이 '선택적 커뮤니케이션'이다. 정보수집과 메뉴 만들기, 지속적인 활동을 위한 방안이 중요하므로 IT를 활용한 정보를 전달할 다양한 매체를 마련할 필요가 있다. 지역 인재를 활용하여 다채로운 메뉴를 만들고 지도자 육성과 같은 소프트한 면과 함께 거리에 다양한 교류의 핵심장소를 만드는 것이 추가로 필요하다. 그런 활동에 soho나 NPO 등을 활용하여 마을의 장기적 사업으로 키워내면 지속성을 높일 수 있다.

도그 런

애완견을 기르는 사람들이 모이는 장소로, 이 안에서만 개

우물
도쿄의 옛거리 야나카에서는 지금도 사용하고 있는 우물이 여러 개 만들어져 있어 거리의 풍경을 자아내는 중요한 역할을 하고 있다.

커뮤니티 화단
도쿄 세타가야의 친환경 주택에는 공동 화단과 생태 등 환경을 쟁점으로 한 커뮤니티 장치가 마련되어 있다.

점포와 거주민 간의 커뮤니케이션
'날씨 좋습니다' 잘 아는 점원과 잠깐 나누는 대화가 고령자 건강의 원천이 된다. 특별한 용무가 없어도 잠깐 들를 수 있는 공간은 중요하다.

도그 런(Dog Run)
개목걸이의 발상지는 뉴욕의 맨해튼이
다. 최근 일본에서도 늘어나고 있지만
주인이 스스로 관리해야 한다.(요코후
지 유키 『뉴욕의 강아지들』 업프론트
상품으로부터)

게임을 통한 커뮤니케이션
도쿄 신바시(新橋) 앞에서는 '오모모리
오조라'로 불리는 장기대회가 봄부터
가을에 걸쳐 행해지고 있다. 누구나 참
가할 수 있는 개인전 등도 개최된다.(사
진제공 : 鵜澤郁夫)

정보제공
보기 편한 종이 등의 방법이나 신속성
이 뛰어난 IT 정보 등 각각의 특성을
살린 다양한 정보를 제공해야 한다.

목걸이를 풀 수 있다. 자유롭게 애완견과 뛰어놀며 기르는
사람끼리 정보를 교환하는 가운데 관계가 돈독해진다. 한편,
거리에서 애완견의 위험이 줄어들어 거리미화로 이어질 수
있다.

게임을 통한 커뮤니케이션

일본에서도 이전에는 마을 이곳저곳의 마루에서 장기를 두
었다. 같은 취미를 통해 확대되는 커뮤니케이션은 동서를 불
문하고 어디에서나 볼 수 있다. 일본의 공원은 어린이가 노는
장소로 정해져 있지만, 고령자도 오락을 즐길 수 있는 장소가
있다면 커뮤니케이션은 더욱 확대된다.

문화교실

일본에서도 번성한 문화교실과 같이, 주민이 주체가 된 특기
와 취미활동을 독립된 사업으로 키워나갈 수 있다면 지속적인
거리 활성화에 도움이 된다. 특히, 고령자가 가지고 있는 기술
과 지식은 문화, 기능의 계승이라는 측면에서도 적극적으로
활용할 필요가 있다.

정보제공

지역의 시민회관과 커뮤니티 센터의 게시판은 동호회의 회
원을 모으거나 지역 이벤트를 사전에 알리는 등 정보를 모으
고 알리기 위한 장치로 활용되고 있다. 게시판, 정보지와 같은
아날로그 방법, IT 등의 디지털 방법에 구애받지 않고 얼마나
다양한 매체를 활용하는가가 커뮤니티의 건강상태를 알 수 있
는 척도가 된다.

3. 미래의 도시형 커뮤니티란

지연적인 커뮤니티와 선택적 커뮤니티가 마련되어 있기 때문에 거주민들은 자신의 목적에 따라 참가할 수 있다. 하나 하나는 작지만 그 커뮤니케이션의 원이 중첩되면 결과적으로 거주민끼리의 자연스러운 만남이 형성되어 거리의 매력을 높여나간다. 그리고 '도시형 커뮤니티'는 시간이 흐를수록 거리의 자산으로 성장하여, 앞으로 거리의 가치를 나타내는 새로운 축이 될 것이다.

지역 행사
세타가야보로 시는 400년 이상의 역사를 자랑하는 골동품 시장이 있다. 매년 12월과 1월에 열려, 큰 활기를 보여준다.

지역 행사

지역 이벤트는 지연적 커뮤니케이션을 활성화시키며, 정기적인 행사는 외부에서도 주목하게 된다. 마을만들기의 소프트한 면의 큰 핵으로서 소중히 키워나가면 거리의 자산가치를 높여나갈 수 있다.

마을만들기 NPO

마을만들기 NPO
야나카 학교는 우에노와 야나카의 거리를 개선하기 위해 모였다. 건축가와 학생을 중심으로 한 봉사모임의 활동거점이다.

자신이 사는 거리의 역사와 장점을 찾아서 그 가치를 높이고 있다. 이러한 거주민의 자발적인 활동을 행정이 지원하는 예도 쉽게 볼 수 있다. 앞으로 주민이 주도하는 마을만들기를 중심으로 행정이 움직여야 한다. 따라서 리더십을 가진 인재와 중심그룹으로서 NPO의 역할이 주목받는다.

보행자와 자전거를 위한 환경 이벤트 - 파리 리스파이어

'파리 리스파이어Paris Respire'란, 환경장관 미셸 발레니에에 의해 1995년에 시작된 정책으로, 파리 시내에서 'Soft Circulation'이라고 정의한 보행자, 롤러스케이터, 자전거 이용자를 위해 차량통행을 제한하고, 도로를 개방하는 행사다. 'Respire'란 프랑스어로 '호흡하다'라는 의미의 'respirer'에서 유래한 것으로, 도시 안에서도 소음 없는 공공공간에서 여유 있게 심호흡을 할 수 있는 기회를 만들고자 하는 것이다. 그 목적은 주민생활의 질을 향상시키고자 하는 데 있다. 이것은 아래의 13지구로 확충되어 실시되고 있다.

로케트 지구에서는 파리 리스파이어가 구청장령에 의해 2005년에 실시되었으며, 그 이듬해에는 도로변 주민이 찬반투표를 실시한 결과, 투표자 533명 중에서 79.6%가 찬성표를 던졌다.

장 소	시 기	시 간
① 세느 강변 (Berges de la Seine)	일요일, 국경일	9:00~17:00
② 불로뉴 숲 (Bois de Boulogne)	토요일, 일요일, 국경일	9:00~18:00
③ 뱅센 숲 (Bois de Vincennes)	일요일, 국경일	9:00~18:00
④ 상티에 지구 (Quartier Sentier)	일요일, 국경일	10:00~18:00
⑤ 무프타 지구 (Quartier Mouffetard)	일요일, 국경일	10:00~18:00
⑥ 뤽상부르 지구 (Quartier du Luxembourg) 뤽상부르 공원주변	3~11월의 일요일, 국경일	10:00~18:00
⑦ 마르티스 거리 (Rue des Martyrs)	일요일	10:00~13:00
⑧ 세인트마틴 운하 연장부 (Extension du canal Saint-Martin)	7~8월의 일요일, 국경일	10:00~20:00
⑨ 세인트마틴 운하 (Canal Saint-Martin)	일요일, 국경일	10:00~18:00 (여름은 10:00~20:00)
⑩ 로케트 지구 (Quartier Roquette)	7~9월 11일까지의 일요일, 국경일	10:00~18:00
⑪ 다게르 지구 (Quartier Daguerre)	일요일, 국경일	10:00~18:00
⑫ 몽마르트르 지구 (Quartier Montmartre)	일요일, 국경일	11:00~18:00
⑬ 뽀또 거리 (Rue du Poteau)	일요일	11:00~13:00

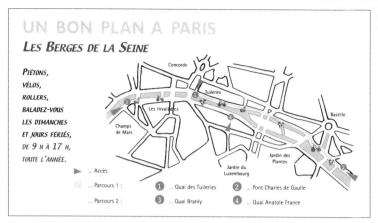

세느 강변의 파리 리스파이어 지도

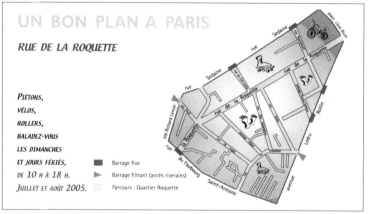

로케트 지구의 파리 리스파이어 지도

2-5 걷고 싶은 생활환경을 실현하기 위해서

　삶의 터전으로서의 도시라는 점에 착안하여, 어린이와 고령자 등의 생활약자 대책과 환경공생 의식수준과 같은 사회배경, 설문조사에서 명확해진 주민의식을 기반으로 '아이덴티티', '휴먼스케일', '커뮤니케이션'이라는 세 가지 시점에서 '걷고 싶은 생활환경'을 살펴봤다.

　그러나 이 세 가지 요소는 명확히 구분되는 것이 아닌, 상호 관련성이 있다는 것을 알 수 있다. 예를 들어, 커뮤니케이션을 활발히 하기 위한 지역행사가 횟수를 거듭하여 역사가 깊어지면서 거리의 아이덴티티로 성장한다. 휴먼스케일의 거리와 상점가에서는 자연스럽게 주민이 모여 끈끈한 연대의식이 자라며, 이것이 거리의 훌륭한 개성으로 거듭난다.

　나아가 사례로 든 모든 요소를 보면 오랫동안 그 거리에 녹아 들어 사람들에게 사랑받으며, 그 거리의 개성으로 인지되고 있다는 것을 알 수 있다.

　현대는 변화하는 속도가 빨라 마을만들기의 진행에서도 눈 앞의 경제성에 좌우되어 빠른 결과를 요구한다. 그 결과, 일본 어디나 비슷한 거리가 만들어져 버리고 말았다. 앞으로 지속가능하고 성숙한 사회를 지향해야 하는 일본은 이렇듯 마을만들기의 진행에 있어서 멀리 내다볼 안목을 키우는 것이 중요하다. 거리를 그곳에 살고 있는 사람들의 생활이라는 시점에서 새롭게 보고, 지켜나갈 것은 지키며, 무엇을 변화시켜 나가야 할 것인가를 생각해야 한다. 그를 위해서라도 그곳에 사는 한 사람 한 사람이 거리가 자신의 일부인 동시에 거리 전체가 자신의 소유물이라는 생각으로 거리에 애착을 가질 필요가 있다.

이 장에서 다룬 거리의 매력적인 요소는 극히 일부에 불과하지만, 이러한 매력을 어떻게 발견하고 공유하며, 앞으로의 마을만들기에 어떻게 살려나가야 하는 것일까? 그 방안에 관한 제안을 다음 장부터 해설하고자 한다.

마지막으로 이 책에서 제안한, 앞으로 지향해야 할 거주민이 매력을 느낄 수 있는 '걷고 싶은 생활환경'을 실현하기 위해, 생활을 중심으로 한 '터전'과 '기능'을 제시하며 마무리하고자 한다.

- 생활조건이 변해도 한 거리에서 계속 살고 싶은 다양한 주택을 가진 곳
- 목적에 맞게 선택하고, 참가할 수 있는 교류공간이 있는 곳
- 커뮤니티의 가치가 거리의 자산가치로 인지되어 있는 곳
- 주민생활에 가치를 제공하고, 거리의 매력을 지속적으로 활성화시키는 일커뮤니티 비즈니스이 확장되는 곳
- 어린이가 안전하고 즐겁게 배우고, 놀 수 있는 장소일 것
- 다채로운 수목이 거리의 개성있는 경관과 생활에 윤택함과 편안함을 전해줄 수 있는 곳
- 상점가, 도서관, 행정기관 등 생활에 필요한 기능이 모여 있는 곳
- 전문점, 브랜드점, 일용잡화, 식료품점 등 목적에 맞는 점포를 선택할 수 있는 곳

- 삶을 기점으로 한 안전하고 안심하며 걸을 수 있는 생활
  도로가 구축되어 있는 곳
- 거리 어디라도 대중교통과 보행, 자전거로 다닐 수 있는
  도로와 체계가 마련된 곳

도시의 프롬나드

Chapter 03

거리의 매력을

점으로 다룬다

3-1 매력을 말로 표현한다

사람이 거리에 대해 느끼는 매력은 다양한 요소와 그것들을 종합해서 만들어진다. 여기서는 생활이라는 시점에서 거리의 매력을 추출하고, 정보화, 분석하는 방법을 제시한다. 나아가 그러한 방법을 이용하여 얻은 정보와 지식을 마을만들기의 지혜로 활용하는 방법에 대해 고찰하고자 한다.

21세기, 새로운 시대에 접어들며 사회의 틀이 크게 변하고 있다. 그 하나가 주민과 NPO 등 시민조직이 주체가 되어 지역 사회를 만들어 나가는 지역경영의 흐름이다. 마을만들기에 있어서도 주민의 참가와 합의를 통해 '주민이 계속 살고 싶은 거리'로 발전시키는 것이 지속적인 것이다.

그러나 계속 살고 싶은 거리상을 그리는 것은 그렇게 간단한 것이 아니다.

제3장에서는 그 단서인 '거리의 환경이 되는 양식과 규모패턴이라고 부른다'를 주민 스스로 발견해내는 방법과 그 실제 사례를 살펴보자.

패턴은 지역의 기억, 상징, 생활양식 등 그 거리의 매력이며, 아이덴티티의 원천이 된다. 그 때문에 출현하는 패턴의 종류와 다양성을 분석하여 거리의 특성개성을 파악하는 것도 가능하다.

저자들이 제안하는 패턴을 응용한 거리의 매력조사와 특성 분석의 결과를 직접 계획에 응용할 수 있는 모의실험이라는

'거리의 매력'의 정의
여기서는 거리의 주체인 주민이 계속 살고 싶어하는 거주와 생활을 위한 가치와 요소를 '거리의 매력'으로 정의한다. 그리고 이 장의 제목인 '매력을 점으로 다룬다'는 거리 속에 흩어져 있는 매력적인 요소를 '점'으로 표현한 것이다.

도시의 프롬나드

수법도 있다. 또한, 마을만들기에 있어 꼭 필요한 주민끼리 또는 주민과 전문가와의 의사소통에도 유용하다. 그 구체적인 전개방법과 과제를 정리하여 다음에 서술하고자 한다.

1. 표본을 찾는다

'매력있는 거리'란 주민이 생활하기 편하고 긍지를 가질 수 있는 거리를 말한다. 또한 그것은 방문자에게도 살고 싶어지는 거리일 것이다. 이러한 거리를 실현하기 위해서는 주체인 주민이 계속 살고 싶어하는 거리의 매력을 생활 속에서 발견하고 그려나가며, 그것을 지속적으로 유지, 관리, 창조해 나아가야 한다.

한편, 사회흐름인 NPO와 같은 시민조직이 마을만들기에 참가하는 것과 다양한 가치관, 생활방식을 통해 마을만들기 · 지역만들기 자체가 가진 가치를 발견해 나가는 사람도 늘어나고 있다.

그러한 가운데 2004년에 경관법이 시행되었다. 이 법률에서는 지키고 키워나갈 거리의 풍경을 주민의 참가와 합의를 통해 정하기 위한 도구까지 마련되어 있다. 따라서 어떠한 풍경을 지향하는가는 지역에 맡겨야 할 역할이지, 국가가 바람직한 경관의 방향을 정하는 것이 아니다.

그러나 경관을 포함하여 설득력있는 마을만들기를 목표로 그려나가는 것은 간단한 것이 아니다. 사람이 가치를 공유할 수 있는 요소와 질, 예를들어 지역의 역사, 고유한 환경, 문화, 생활양식 등의 문맥으로부터 지향하고자 하는 거리의 단서를 발견해 나갈 방법이 필요하다.

1970년대, 미국에서 애드 허크시즘$^{ad-hocism}$이라는 개념이 생

문맥주의
도시를 만드는 방법의 씨앗이 되는 자연사적인 흐름의 하나로서, 사람들의 다양한 활동이 모여 정리된 환경의 문맥을 다루는 개념이다. 공간, 문화, 생활 문맥의 계승과 발전 속에서 마을만들기를 해석한다.

패턴 랭귀지(pattern language)

크리스토퍼 알렉산더(Christopher Alexander)는 거리와 건물에서 전통적인 지혜를 추출했다. 그것들은 좋은 거리와 좋은 건축 속에 존재하고 있는 요소, 인자, 실체, 또는 그것들의 관계성이며, '패턴'으로 불려진다. 알렉산더는 이러한 거리와 커뮤니티, 건물과 그 외부공간, 건물 디테일의 패턴을 요소로 하는 네트워크로서 환경을 디자인하는 수법인 '패턴 랭귀지'를 고안했다. 패턴 랭귀지를 실시한 사례로서 에이신가쿠엔 히가시노(盈進學園東野) 고등학교[사이타마(埼玉) 현 이루마(入間) 시가 있다[3].

패턴 랭귀지의 예

자택의 현관 앞에 지붕을 만들고자 한 패턴을 아래 표에 나타냈다[2]. 이러한 것들은 현관지붕을 설계하기 위한 규범이며 패턴 랭귀지를 구성하고 있다.

현관 앞의 공간
가로를 볼 수 있는 테라스
햇살이 비치는 장소
옥외실
작은 발코니
보행로와 목표
천정 높이의 변화
모퉁이 기둥
현관 앞의 벤치
만질 수 있는 꽃
가지각색의 의자

겨났다. 애드 허크시즘은 현실 생활이 가진 다양성을 공간 디자인 속에서 만들어낸다는 사고다[1]. 이 생각을 가지고 있던 크리스토퍼 알렉산더가 주창한 '패턴 랭귀지'를 활용한 환경설계법[2]은 큰 영향을 미쳤다.

패턴 랭귀지는 도시와 건축에 어울리는 경관과 공간의 틀을 제시한 것이다. 알렉산더가 패턴 랭귀지를 개발한 목적은 전통적인 도시에서 발견되는, 누구나 아름답다고 느끼는 특성을 인공적으로 형성하는 것이었다. 그것은 '이름 붙여 얻을 수 없는 특성'으로 불리며, 생기 넘치는 공간에 갖추어진 것이다. 디자이너는 정해진 규칙에 따라 패턴을 선택하며 건물을 설계해 간다. 패턴 랭귀지는 건축설계를 도면 대신 언어를 통해 일반인에게도 설명할 수 있는 방법이다.

우리는 마을만들기에 사용하는 패턴 랭귀지가 의사소통 도구로 가진 다음과 같은 가능성에 주목했다.

① 누구나 이해할 수 있는 언어를 통해 관계자 간의 인식을 공유하도록 한다.

② 워크숍의 도구로서 구체적인 환경요소를 통한 대화·합의를 가능하게 한다.

③ 환경의 조사·분석에 적용하면 본래의 계획·디자인까지 발전시키는 수단이 된다.

그 계기는 우리가 실시한 마을만들기 조사 가운데 '주민이 자신들의 거리에 공존하고 있는 환경자원을 생각 외로 인식하고 있지 않다'고 여겼기 때문이다. 그러한 환경자원은 일상적으로 주민에게 있어 관심 밖에 있다고 생각된다. 그러나 지역 사람들이 환경과의 관계 속에서 계승해온 것이며, 거리의 매력으로서 거주민들끼리 공유해야 하는 것이다.

이 연구는 '걷고 싶은 거리'의 구성요소를 생활환경 속에서 발견하여, 마을만들기의 문맥으로 발전시켜 나가는 것을 목적으로 하고 있다. 그 실현도구로 패턴 랭귀지의 개념을 '거리의 매력 조사ㆍ분석방법'에 응용했다. 이 장에서는 그 수법의 개요, 실시방법에 대해 서술하고자 한다.

2. ID ㆍ HS ㆍ CM의 매력을 패턴화한다

거리와 건물부터 신체 주변까지, 환경을 디자인할 때에는 자신들을 둘러싼 '환경의 이상향과 그 질'을 읽고 해석하는 것이 필요하다.

환경은 추상적인 개념이지만, 우리를 둘러싼 실체로서 명확히 존재하고 있다. 따라서 그 넓은 의미를 기호로 전환하지 않고서는 토론과 의사소통이 될 수 없다. 주민이 거리환경의 주체가 되어 이러한 것들을 그려나가기 위해서는 의사소통 도구가 중요하다.

그럼 다음으로 의사소통 도구로서 '거리의 매력 조사ㆍ분석 수법'에 필요한 특성을 세 가지로 나누어 다음과 같이 서술하고자 한다.

① 주민이 가까운 도구를 사용하여, 간편하게 이용할 수 있는 방법이다.이용성

② 주민들끼리 서로 이해하기 쉽도록 구체적인 토론이 가능하다.이해성

③ 주민이 얻은 조사결과를 직접 마을만들기의 요소와 질에 전개할 수 있다.전개성

특히, 간단히 이용할 수 있는 결과를 다방면으로 전개시키

걷고 싶은 거리의 구성요소
- 아이덴티티 – ID
- 휴먼스케일 – HS
- 커뮤니케이션 – CM

는 것이 중요하다.

우리가 고안한 거리의 매력 조사·분석수법6)패턴 카드법은 마을만들기에 있어 주민 간, 주민과 전문가 간의 의사소통을 위한 도구다. 마을만들기의 주체인 주민이 '계속 살고 싶은 매력'으로 느낄 수 있는 요소를 평가하고, 그 가치와 의미를 기호로 나타내고 공유하도록 지원한다. 구체적으로는 주민의 생활과 밀접하게 커 온 지역자원생태학으로 유추해보면 거리의 유전자로 생각된다을 조사대상으로 삼고, 그 환경의 이상적인 방향과 특성을 형성하는 패턴을 추출하여 언어로 표현한다.

이 수법에는 패턴이 '거리에 존재하는 자원을 기반으로 거주자의 시점에서 '생활특성의 향상'을 표현하기 위해 유지하고, 키우고, 창조해야 할 거리매력가치와 요소을 이상적인 방향과 수준의 언어로 표현되어 있다. 여기에는 거리가 목표로 하는 환경상을 구체화하기 위한 규모와 양식, 또한 그것들의 후보가 되는 것'이라고 정의되어 있다. 보행지도와 같이 단순히 대상물을 나타낸 것이 아닌, 왜 매력적인가에 대한 수준을 요구한다.

그러나 알렉산더의 패턴 랭귀지와 다른 연관성을 생각한 것은 아니다. 그것을 통해 도구를 간단히 다룰 수 있게 되고, 주민 스스로가 쉽게 거리의 패턴을 발견할 수 있게 된다. 또한, 알렉산더가 주창한 것은 디자인 도구지만, 이 수법은 주민이 거리가 가진 가치를 재발견하고 공유하도록 돕는 조사·분석의 도구를 겨냥한 것이다.

조사에 사용한 조사표를 그림 1에 나타냈다. 그것은 패턴의 사진, 패턴명, 구성요소 분류, 스케일 분류, 패턴의 특징항목으로 구성된다. 각각의 항목은 조사자가 그 장소나 작업을 정리

지역자원

지역 고유의 마을만들기를 위한 소재를 말한다. 지역의 공간적, 물적, 사회적(커뮤니티), 문화적, 자연적, 역사적인 자원과 그 잠재력을 살릴 필요가 있다.

도시의 프롬나드

하여 기술한다. 조사자는 주민, 마을만들기 시민단체, · NPO, 전문가를 대상으로 한다.

패턴은 거리의 매력이 되는 요소와 특성을 언어로 표현한다. 언어는 '특성을 나타내는 수식어+대상을 나타내는 명사'로 표현할 것을 추천한다. 그 양식은 알렉산더의 패턴 랭귀지에는 규정되어 있지 않지만, 매력요소의 가치와 의미를 명시하기 위한 효과적인 표현이다. 패턴 랭귀지에는 그것이 설명항목에 상세하게 기술되어 있다. 사진은 공간적으로 확대되고 있는 환경의 특징을 전달하기 위해 사용된다. 스케치, 사진, 그림, 지도 등도 사용할 수 있다.

수법의 특징과 효과를 다음과 같이 서술했다. 이 수법은 알렉산더의 패턴 랭귀지에 있는 참가형 계획도구로서의 특징을 계승하여 간단하게 표현했다. 이를 통해 일반주민도 간단히 거리의 매력을 추출할 수 있다.

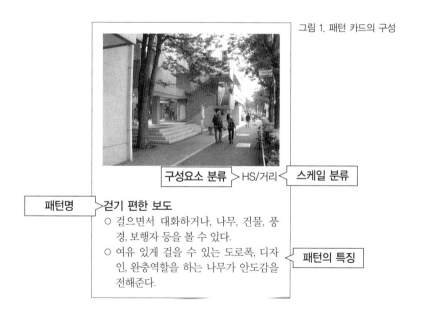

그림 1. 패턴 카드의 구성

구성요소 분류 ＞HS/거리＜ 스케일 분류

패턴명 ＞걷기 편한 보도

○ 걸으면서 대화하거나, 나무, 건물, 풍경, 보행자 등을 볼 수 있다.
○ 여유 있게 걸을 수 있는 도로폭, 디자인, 완충역할을 하는 나무가 안도감을 전해준다.

패턴의 특징

패턴 사진 : 패턴의 형태를 나타내는 사진을 붙인다
패턴명 : 거리의 매력이 되는 요소와 특성을 언어로 표현한 것
　　　　 언어는 '질을 나타내는 수식어+대상을 나타내는 명사'로 쓴다
구성요소 분류 : ID · HS · CM 어디에 해당하는가를 기술한다
스케일 분류 : '거리', '건물', '디테일' 식으로 기술한다
패턴의 특징 : 패턴의 효과, 응용, 개선, 질문에 대해 기술한다
　　　　 ○ '좋다'라고 생각되는 구체적인 이유(공감할 수 있는 구체적인
　　　　　　 이유)
　　　　 ! '이거 의외군', '～라면 좋겠는데'(발견과 제안)
　　　　 ? '～은 왜 그런 것일까', '이것으로 좋겠는데'(착상이나 질문)

[특징]

① 아이덴티티(ID) · 휴먼스케일(HS) · 커뮤니케이션(CM)의
　 시점에서 거리의 매력과 디자인 요소를 발견, 기술한다.

② '걷기 편한 보도'와 '보이는 작업장'과 같은 특징을 포함
　 한 단순한 언어형식으로 거리의 매력을 표현한다.

③ 각 패턴을 마을만들기의 아이디어로 이용할 수 있기 때
　 문에 조사 · 분석에서 계획까지 사용할 수 있는 모의실험
　 수업이 있다.

[효과]

① 주민에게 개성적인 거리를 만들고 있다는 사실을 인식시
　 켜, 마을만들기에 참가하도록 독려한다.

② 자신들이 거주하는 거리의 가치를 재평가하고, 주민이 거
　 리에 대해 긍지를 가지도록 촉진한다.

③ 거리에 계승되고 있는 독자적인 환경과 문화에 대한 보
　 존의식을 향상시킨다.

④ 지역자원과 그 잠재력을 살린 마을만들기를 진행한다.

3. 새의 눈으로 읽고, 곤충의 눈으로 발견한다

걷는다는 행위를 통한 매력발견과 그 패턴화는 그림 2에 나타낸 과정으로 진행된다. 조사에는 도시와 거리를 넓은 영역에서 분석하는 시점인 '새의 눈', 그리고 생활에 밀착된 좁은 공간·생활에서 분석하는 시점인 '곤충의 눈'이 필요하게 된다.

다음으로 패턴 조사과정을 구성하는 각각의 단계에 대한 개요, 주의점 등을 서술한다. 거리걷기의 일반적인 방법에 대해서는 『걸으며 발견! 도시의 매력』 등의 참고도서[7],[8],[9]를 한 번 읽어봐도 좋다.

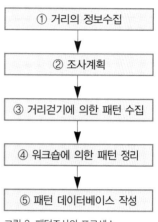

그림 2. 패턴조사의 프로세스

거리걷기에는 지역매력을 새롭게 발견하는 것만이 아닌, 지금까지 이야기한 기회가 적었던 사람에게 지역의 형성을 알리면서 거리에 대한 관심과 애착을 향상시킬 수 있는 이점이 있다.

① 거리의 정보수집

관련자료의 수집, 전문가의 조언, 자신들의 분석으로 거리의 구성과 성립을 명확하게 이해하면서 지금의 거리모습을 본다.

- 시청 등의 자료실, 도서관, 박물관에서 거리의 성립에 관한 자료를 수집한다. – 지형도, 도시계획도, 고지도 등의 지도, 항공사진, 위성화상, 향토자료, 지역잡지, 걷기 잡지, 팸플릿, 홈페이지.
- 도시계획, 향토사에 관한 전문가, 그리고 지역의 원로, 오래된 점포의 여사장 등 지역의 관습·풍속·산업에 대해 상세한 정보를 가진 사람에게 이야기를 듣는다.

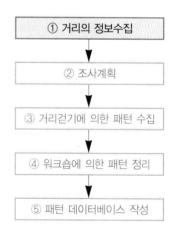

- 거리의 사회적 변화, 지형과 녹음 등 자연의 변화, 주민생활의 변화에 대해 그 과정과 상호관계를 파악한다.
- 사전조사에서는 도시와 거리를 폭넓게 분석한다새의 눈으로 읽는다. 항공사진, 위성화상 등의 공중사진은 지역의 역동적인 변화를 폭넓게 알기 위한 효과적인 수단이다⁹⁾.
- 지도와 사진을 사용하여 분석한다. 지형도에서 지형의 단면을 만든다. 고지도와 현대의 지도, 오랜 사진과 현재를 비교하면서 현재의 환경이 만들어진 기반이 된 요소를 명확하게 파악한다.
- 조사의 착안점이 되는 정보, 확인해야만 할 것과 가설을 만든다.
- 너무 깊이 들어가지 말고 전문지식과 정보를 적절하게 파악하는 것이 좋다. 거리를 걸으면 지금까지 알지 못했던 거리의 구조, 변화, 다른 거리와의 차이가 보인다.

---

① 거리의 정보수집

② 조사계획

③ 거리걷기에 의한 패턴 수집

④ 워크숍에 의한 패턴 정리

⑤ 패턴 데이터베이스 작성

---

② **조사계획**

조사범위, 시간표, 패턴 카드의 작성요령, 조사도구 등을 정해 참가자에게 알린다.

- 조사의 착안점, 확인해야만 하는 사항, 검증해야만 하는 가설을 참가자에게 숙지시킨다.
- 주요한 조사 포인트, 전원의 조사항목, 개인의 조사항목을 명확히 해두면 좋다.
- 거리의 표정은 하루, 주, 월, 계절, 년 단위로 주기별 변화를 고려한다.

③ 거리걷기에 의한 패턴 수집

생활에 밀착된 좁은 공간과 생활 속에서 거리의 패턴을 수집한다곤충의 눈으로 발견한다. 아름다운 경관, 마음이 편안해지는 나무와 물, 사람에게 안락함을 느끼게 하는 거리와 생활방식 등, 거리에 계승되어 온 가까운 주거환경의 매력을 눈여겨보면서 거리를 걷는다. 걷는 것을 통해 종합적, 직감적인 정보를 오감으로 획득한다.

- 거리의 매력, 정보, 자랑거리와 느끼는 환경 · 요소에 관한 사진을 찍고, 패턴 카드를 작성한다. 현지에서는 패턴의 언어가 되는 '특징과 의미부여를 나타내는 수식어'의 후보를 염두에 두고 기재하도록 한다. 그것들을 기반으로 나중에 적절한 패턴의 언어를 정한다. 떠오르는 아이디어(!)와 발견한 과제(?)도 패턴 카드에 쓴다.
- 걸었던 경로, 패턴을 수집한 포인트, 사진의 방향을 지도에 남긴다. 지도는 주택지도가 적합하다.
- 눈에 드러나는 특색이 없는 거리에도 '묻혀진 자원'이 있다. 보통 눈치채기 힘든 자원을 발굴하는 것도 거리걷기 조사를 즐겁게 한다.
- 거리걷기는 다양한 사람과 같이 걷는 것이 좋다. 사람에 따라 거리를 보는 방법이 다르다. 다양한 시점에서 거리의 매력을 점검할 수 있다.
- 거리걷기를 마치는 단계에서는 재미있는 장소의 새로운 발견과 감상 등 거리에 대해 이야기하며 정리한다.
- 거리걷기를 거리만들기에 관심있는 주민끼리의 만남과 의사소통의 장으로 활용한다.

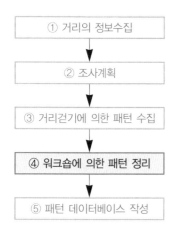

④ 워크숍에 의한 패턴 정리

후일 조사참가자가 수집한 패턴 카드에서 주민이 공유할 수 있는 거리의 패턴을 언어로 표현하고, 거리의 패턴 카드를 만들어 낸다.

- 수집한 패턴을 KJ법으로 분류하고, 주민이 공유할 수 있는 거리의 패턴을 유출한다.
- 패턴의 언어는 특징을 나타내는 수식어와 요소명의 형태로 만든다.
- 조사결과를 가지고 교류하면 더욱 새로운 것을 발견하게 된다. 다른 사람과의 시점 차이, 표현방법의 차이, 또는 공통점 등을 인식하고 공유할 수 있는 패턴을 만든다.

⑤ 패턴 데이터베이스 작성

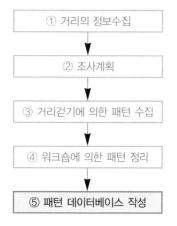

워크숍에서 만든 패턴으로 카드 데이터베이스를 작성한다. 패턴 데이터베이스는 거리가 전통적으로 키워온 양식과 규범을 모은 지식창고다. 이것을 인터넷에 공개하여 많은 주민이 거리의 매력과 개성을 공유할 수 있게 한다.

또한 제4장의 사례와 같이 지리정보시스템GIS, 156쪽과 통합하여 좁은 시각으로 보는 '곤충의 눈'과 넓은 시각으로 보는 '새의 눈'을 동시에 가질 수 있게 된다.

4. 매력을 세운다

거리 매력의 패턴을 수집하는 데는 거리를 바로 보는 감각이 필요하다. 그 감각은 많은 사례를 보는 과정에서 경험으로 쌓이는 것이다.

그러나 여러 거리를 걷고, 사례를 본 경험이 많은 사람은 그렇게 많지 않다. 여기서 거리를 바로 보는 데 있어 참고가 될 시점과 평가축을 다음과 같이 제시한다.

매력적인 거리의 기본은 그곳에 계속 살고 싶다고 생각되는 것이다. 주민과 환경과의 상호작용 속에서 성장해온 삶의 행복, 생활의 특징이 거리의 매력 그 자체다. 이러한 것을 염두에 두고 아래의 사항을 참고로 하면서 거리 매력을 조사해보자.

① 살아나는 경관10)

애플턴Appleton과 히구치 다다히코樋口忠彦는 '서식지 경관론'을 전개했다. 그것은 '인간이 환경에서 미적인 만족감을 얻는 것은 그 환경이 생식에 적합한 장소라는 것을 상징적으로 표현하고 있다'는 가설이다.

서식 적합지에는 '숨겨진 집', '휴식지'와 '조망이 있는 곳'이라는 요소가 필요하다. 그러한 장소에서는 자신의 모습은 보이지 않고 상대의 모습을 볼 수가 있다.

일본의 경관을 연구한 히구치는 아름다운 경관으로서 '산 주변'과 '물 주변'을 든다. 그곳은 주거지와 산 또는 강, 바다, 호수와 늪이라는 자연의 문과 맞닿아 있는 곳이다. 산과 육지를 배경으로 편안하게 평지와 수변을 바라볼 수가 있다.

산과 강 주변은 각각의 중요성과 동시에 거주지와는 녹지를 사이에 두고 자리하고 있어 오랫동안 쉴 수 있다. 장소의 특성과 그로부터 만들어지는 인간의 생활이 명확히 조화된 기분 좋은 경관이 생겨난다. 이러한 경관을 '살아있는 경관'이라고 히구치는 부르고 있다.

에도 시대의 계절에 따른 명소를 지도에 표시해보면, 산 주변언덕 주변, 수변에 집중되어 있다는 것을 알 수 있다. 도시의 언덕 위와 도시를 둘러싼 수변공간은 도시의 파노라마를 즐길 수 있는 장소다. 그곳에 휴식을 취할 수 있는 공간을 마련하면 경관에 생동감이 넘친다.

건축공간에서도 휴식과 조망을 갖춘 '살아있는 공간'을 볼 수 있다. 건물과 도로, 광장의 교차점에 설치된 카페테라스와 같은 휴식공간은 사람이 모이는 '살아있는 공간'의 형태를 띠고 있다.

녹지공간 또한 윤택한 '살아있는 경관'을 제공한다. 그 형태는 큰 나무 아래의 그늘, 가로수, 페르골라pergola와 같이 다양하다. 도시에 있어서 나무는 무기적 환경을 사람에게 적합한 생태적인 환경으로 바꾸는 상징적인 역할을 한다.

여기서 서술한 바와 같은 살아있는 경관은 토지 고유의 특성이 인간생활에 맞게 만들어지며 성립된다. 마을만들기는 토지의 개성을 만들고, 그곳에 사람과의 관계를 구축하는 과정이어야 한다.

② 『A VISION OF BRITAIN』[11]

영국의 찰스 황태자는 전통적인 건물과 풍경이 사라져가는 것을 막기 위해 『A Vision of Britain』을 저술했다.

이 책에는 건축가와 건설업자를 이끌어온 규칙과 패턴을 더욱 발전시켜, 다음과 같이 10가지 원칙으로 정리하였다. 이것은 좋은 도시와 좋은 건축에 있어 오래 전부터 일상적으로 지켜져 온 수법, 관행을 나타내고 있다.

- 장소　　'경관을 유린하지 마라'
- 건축의 체계

　　　　'만일, 건축이 자신을 표현할 수 없다면 우리는

건물을 어떻게 이해해야 하는가?'

- 척도   '작은 것일수록 좋다. 지나치게 크면 불충분해진다'

- 조화   '성가대와 함께 노래하고, 합창에 역행하지 마라'

- 둘러싸인 곳

    '어린이들에게 안전한 놀이터를 제공하고, 바람은 다른 곳에 불게 한다'

- 재료   '재료는 그 장소에 있게 한다'

- 장식   '튀어나온 윤곽은 허용하지 않는다. 세부를 풍부히 한다'

- 예술   '미켈란젤로는 정원에 뜨믄뜨믄 세우는 추상조각을 의뢰받았던 적이 없다'

- 간판과 조명

    '공공장소에 추악한 간판을 세우지 마라'

- 커뮤니티^{지역공동체}

    '집을 지을 때는 그곳에 살게 될 사람의 의견을 들어라'

③ 제이콥스의 '도시의 원칙'[12]

도시평론가인 제인 제이콥스Jane Jacobs는 인간적인 매력을 갖춘 도시의 공통적인 특징을 4가지로 정리했다.

1950년대 말기 무렵, 미국의 대도시는 주변에 신도시가 들어서면서 그 매력을 읽어가고 있었다. 제이콥스는 그 이유를 찾아 미국 곳곳을 돌아다녔다. 그 중에서 살기 편하고, 문화적 향기가 높은 인간적인 매력이 있는 도시가 다수 남아 있는 것을 발견했다. 그것을 통해 공통적인 특징을 만들어낸 것이 다음의 도시 원칙이다.

　제1원칙 : 지구 내부에는 여러가지 기능이 혼재하지 않으면 안 된다.

　제2원칙 : 블록은 짧게, 거리에서 모퉁이를 돌아가는 횟수가 빈번하지 않으면 안 된다.

　제3원칙 : 오랜 건물을 가능한 한 남기는 편이 좋다.

　제4원칙 : 각 지구의 인구밀도는 높은 편이 바람직하다.

　'제1원칙은 혼재된 도시의 활기를 만들어낸다. 제2원칙은 도시의 가로를 재미있게 하여 흥미로운 도시를 만든다. 제3원칙은 건물이 오래되고, 그 모습도 다양한 편이 살기 좋다. 제4원칙은 인구밀도가 높은 지구에서는 안전성, 경제성이 확보된다'는 생각을 기반으로 하고 있다.

　제이콥스에 따르면, 도시란 '경제적으로도, 사회적으로도 상호 교류하며, 다양한 용도를 가지는 곳'이다. 예를 들어, 거리의 상점가에 통로가 있으면, 그곳은 물건을 사는 장소가 된다. 여러가지 용도를 가진 다양성이 장소에 활기를 전한다. 이러한 장소가 거리 곳곳에 있고, 그것들이 신경계와 같이 네트워크화되는 것이 바람직하다. 그것이야말로 우리가 말하는 '걷고 싶은 거리'다.

④ 지속 가능한 커뮤니티[13]

　1991년, 피터 칼소프Peter Calthorpe 등 6명은 마을만들기에 있어 중요 원칙을 '아와니 원칙The Ahwahnee Principles'으로 정리했다.

　그것은 자동차에 대한 의존을 줄이고, 생태계를 배려하고, 무엇보다도 자신이 사는 커뮤니티에 강한 아이덴티티를 가지는 거리를 제안하고 있다.

아와니 원칙 이후의 그들의 업무예를 들어, 콜베트의 빌리지 홈즈, 발언, 문헌에 공통적인 특징과 요소를 정리하여 만들어낸 것이 다음 항목이다. 이것들은 거리의 지속가능성을 검토할 때 체크해야 할 사항이다.

- 아이덴티티
- 자연과의 공생 – 생태적인 요소
- 자동차의 이용감소를 위한 교통 시스템
- 혼합 사용 – 주거공간에 인접해 있는 업무공간. 건물의 혼합사용
- 열린 공간
- 획일적이 아닌, 여러가지 각도에서 고안된 개성적인 주택
- 에너지 절약, 자원절약, 그것을 위한 기술개발

지속 가능한 커뮤니티는 도시와 교외를 이전의 커뮤니티보 행자를 중심으로 한 짜임새있는 거리로 되돌리는 것을 테마로 하고 있다. 그것은 이상적인 마을만들기를 지향한 Edge City 복합적 기능을 가진 부도심 지구를 반대하는 의견이었다. Edge City는 물질적으로는 완성된 공간이었지만, 기본적으로 차를 위해 설계된 다운타운이었다. 그 때문에 주변사람과의 교류가 적고, 우리 집, 우리 마을이라고 부를 수 있는 커뮤니티의 부활까지는 이르지 못했다. 그 상황은 제이콥스가 전에 제시했던 문제의식을 뒷받침해 준다고 할 수 있다.

미의 기준 – 가나가와 현神奈川縣 마나즈루마치眞鶴町

카나가와 현 마나즈루마치의 '마을만들기 조례' 1994년 시행, 통칭 '美의 조례'는 '아름다움의 기준'을 특징으로 한다. 이 조례는 사람의 생활과 그것을 둘러싼 장소, 환경은 '아름다움' 그 자체여야 한다는 생각에 기반을 두고 만들어졌다4)5).

경관법이 2004년에 시행되었지만, 그 적용에 있어서 첫번째 논점은 마을을 만들면서 '어떤 풍경을 지향해야만 하는가'라는 목표설정이었다.

그러나 기존의 경관조례는 대부분 나라, 교토, 가마쿠라의 역사적 건축군, 또는 히와코琵琶湖와 신지코宍道湖의 자연풍경과 같이 경관보호가 주된 것이었다.

그에 비해 마나즈루의 '아름다움의 기준'은 마을을 아름답게 하여 조화로운 생활을 하기 위한 규칙이 중심을 이루고 있다. 그곳에는 역사적 환경, 자연적 환경만이 아닌, 생활환경 등 모든 것이 포함되어 있다. 예를 들어, 석재업, 어업, 농업 등 지역산업의 풍경, 노인과 어린이들까지 많은 사람이 모이는 곳, 처마끝과 처마 뒤에 만들어진 섬세한 의장 등이 있다. 그곳에는 사람의 생활과 주변환경이 조화되어 마음을 편안하게 한다.

'아름다움'이란 시간을 넘어 만들어져 온 생활전반에 걸친 '특징'으로, 후세에 이어나가야만 하는 것이다.

아름다움의 기준은 다음 표와 같이 8개의 원칙과 각 원칙을 구체적으로 나열한 69개의 키워드로 구성되어 있다. 여기에는 '마을만들기 발견단'이라는 주민단체가 곳곳을 거닐며 발견한 마을의 아름다움을 정리하였다. 원칙에는 영국의 찰스 황태자가 지은 『영국의 미래상 – 건축에 관한 고찰』을 참고로, 장소, 등급, 척도, 조화, 재료, 장식과 예술, 커뮤니티, 조망을 설정하고 있다. 이것들이 가진 각각의 중요한 점을 아울러서 전체적인 풍경으로 정리할 필요가 있다기준II, 연결. 키워드기준III는 마나즈루마치의 아름다움을 표현한 언어다. 이것은 알렉산더가 제창한 '패턴 랭귀지'를 원천으로 하고 있다.

마나즈루마치는 美의 조례를 통해, 축적되어 온 아름다운 마을만들기를 발전시키기 위해 2005년 전국에서 처음으로 경관법에 의한 경관행정 단체가 되었다. 이것을 통해 아름다움의 기준을 경관계획으로 유도해갈 수 있게 되었다.

미의 기준의 발췌

기준	미의 기준 I		미의 기준 II	미의 기준 III
	수단	기본 정신	연결	키워드
1 장소	(장소를 존중) 지세, 윤곽, 지역성, 분위기	건축은 장소를 존중하고, 풍경을 지배하지 않도록 한다.	우리는 **장소를** 존중하며, 그 역사, 문화, 풍토를	성스러운 장소, 경사면, 풍부한 식생, 부지의 복원, 조망지점, 살아있는 옥외, 조용한 뒷마당, 바다와 만나는 장소
2 등급	(등급을 추천) 역사, 문화, 풍토, 영역	건축은 추억어린 우리의 장소를 우리 마음을 표현 하는 것으로 한다.	마을과 건축의 각 부분에 **등급을** 매긴다. 그러한 각 부분의	바다의 일, 산의 일, 전환장소, 경치, 건물의 녹색, 큰 입구, 벽의 감촉, 주실(主室), 기둥의 분위기, 문·현관, 기둥과 창의 크기
3 척도	(척도의 고려) 손바닥, 인간, 나무, 숲, 언덕, 바다	모든 것의 기준은 사람이 다. 건축은 우선 인간의 크기와 조화로운 비율을 가지고, 그 다음으로 주 위의 건물을 존중하여야 한다.	**척도를** 잇는 연관성을 가지고, 맑은 바다, 빛나는 숲과 같은 자연, 아름다운	사면에 접한 형태, 부재(部材)의 접점, 조망점의 높이, 끝자락, 창살, 골목과의 연결, 단계적인 외부 크기, 겹치는 세부
4 조화	(조화되어 있는 것) 자연, 생태, 건물 각 부위, 건물 관계	건축은 푸른 바다와 빛나 는 녹음과 조화롭고, 또 한 마을 전체와 조화로워 야 한다	건물의 일부분, 공연에 의한 **조화로움을** 창조해간다	춤추듯 내려오는 지붕, 해의 은혜, 나무의 인상, 덮인 녹음, 지켜주는 지붕, 북측, 고유식생, 큰 발코니, 열매가 있는 나무, 어울리는 색, 작게 보이는 정원, 푸른 하늘계단, 단층 식물, 적당한 주차장, 보행로의 생태

3-2 패턴으로 보는 거리의 매력

1. 생활의 매력을 유출한다

　패턴의 특징은 거주민의 시점에 있다. 여기서는 거리 두 곳을 비교하여 각자가 가진 매력을 패턴을 통해 읽어들인다.

　대상지는 도쿄 도 동부에 있는 작은 마을 '야나카'와 서부 산 밑에 있는 '다이칸야마'다. 야나카에는 오랜 시간 축적된 풍부한 생활특성이 살아 있다. 한편, 다이칸야마에는 세련된 점포와 자연풍경, 사적을 걸어가며 즐길 수 있다. 이 장에서는 이 두 곳의 거리에서 계속 살고 싶게 만드는 요소, 즉 '걷고 싶은 거리'의 매력과 그 특징에 대해 추출한다.

　추출방법은 앞 장에서 서술한 거리 패턴 조사에 따라 다음과 같은 과정으로 실시한다.

- 1단계 사전조사 : 현지조사 전에 지형, 자연, 역사에서 환경이 만들어진 기반을 파악한다.
- 2단계 현지조사 : 거리 이곳저곳을 걷고, '걷고 싶은 생활환경'을 구성하는 요소를 추출하고 패턴 카드를 작성한다.
- 3단계 데이터베이스 만들기 : 각 조사자가 중복된 패턴을 정리하고 '걷고 싶은 거리'의 모델요소로 패턴 데이터베이스를 작성한다.

사전조사는 1/10,000 지형도, 고지도14), 잡지, 시청 등에서 발행하는 자료, 거리걷기 잡지, 인터넷 자료를 이용했다. 지형은 지형도의 등고선을 색으로 칠해 그림으로 구분하기 편하게 했다. 단면도를 사용해도 좋다. 고지도와 현대지도를 비교하고 잡지를 통해 오래 전부터 계승되어온 토지의 기억을 파악할 수 있다.

ID · HS · CM / 거리 · 건물
잡담할 수 있는 작은 점포

○가게 안이라고도 밖이라고도
　말할 수 없는 공간.
○작은 쇼핑에도 의자가 있다.
○가벼운 파이프 의자는 편하다.
○자동차의 위험을 신경쓰지 않
　고 기다리는 시간.
○항상 신경써 주는 사람이 있다.

그림 3. 패턴 카드 작성예

현지조사에서는 건축설계 · 도시계획 · 환경계획에 걸친 전문가 11명이 각각 한나절 정도 '걷고 싶은 거리'의 매력을 형성하는 패턴을 수집했다6). '걷고 싶은 생활환경'이라는 시점에서 거리의 패턴을 추출, 사진을 촬영하고, 그 위치를 지도주택지도에 표시했다. 그 후, 각 패턴을 ID, HS, CM으로 분류하여 '수식어+명사' 형식으로 표현하고, 그것이 해결또는 조장할 항목을 기입하는 그림 3과 같은 카드를 작성했다.

조사한 데이터536개의 사진과 표현를 분류한 결과, 55종의 요소에 대해 총 312가지 패턴이 작성되었다. 이러한 야나카와 다이칸야마 구석구석에 대한 요소패턴 명사를 분류하여 그림 4에 나타냈다.

야나카에는 녹지, 역사적 건조물, 길, 건물 주변에 관한 패턴이 많다. 골목 녹음의 다양성, 에도 시대부터 내려온 생활문화의 계승이 포함되어 있다. 한편, 다이칸야마에는 점포나 길에 관한 것도 많다. 중앙로 주변의 주점, 주택가 곳곳에 숨어 있는 카페와 레스토랑이 다이칸야마를 대표하는 매력이 되어 있다.

야나카, 다이칸야마 두 곳은 길의 패턴이 다양해서 흥미롭다. 도시학자 제이콥스는 '도시의 거리가 재미있어 보이면, 그 도시도 재미있게 보인다'고 말했다. 야나카, 다이칸야마 역시 재미있는 거리다. 그러나 그 내용은 각각 서로 다른 개성을 가

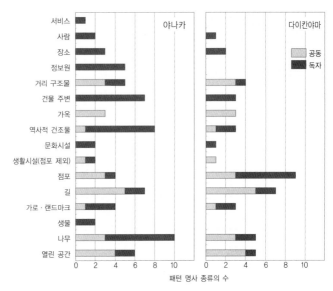

그림 4. 야나카 · 다이칸야마의 걷기 조사에서 얻어진 패턴

지고 있다.

　다음으로 실제 추출된 패턴 데이터에서 거리의 매력을 보자. 먼저, 지형, 자연, 역사적 환경에서 만들어진 기반을 서술한다. 여기서는 문맥을 패턴으로 나타내어 요소에 의미를 부여한다. 즉, 주민과의 관계 속에 쌓여온 자연환경, 문화환경, 역사환경, 사회환경이 가져오는 가치와 의미가 서로 다른 형식으로 나타나게 되는 것이다.

2. 야나카 − 역사가 쌓여 생활의 특징이 된다

　야나카 · 네츠根津 · 센다기千駄木 지역야네센(谷根千) 지역에는 지금도 에도 시대 때 거리풍경이 계승되고 있다. 이 전통적인 생활문화가 1980년대에는 쇠퇴 위기에 처했다. 그러나 그 매력은 외부 사람들만이 아닌 지역주민에게도 매력으로서의 가치를 가지게 되어 존속, 재구축되었다.

이 지역은 도쿄도 동부의 다이토台東 구, 분쿄文京 구에 포함되어 있다. 야마테센山手線의 안쪽이며, 그림 5의 지도와 같이 JR 야마테센게이힌 도후쿠센(京浜東北線) 닛포리 역, 지하철 치요다센 센다기 역, 네츠 역에 둘러싸여 있다.

도쿄의 지형은 크게 무사시노武藏野 대지와 도쿄 저지대로 나누어져 있다. 전자가 이른바 '야마노테山の手', 후자가 '시타마치下町'로 불린다. 그림 5의 지형도에 나타낸 것처럼 양자의

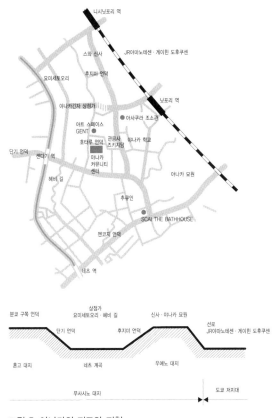

그림 5. 야나카의 지도와 지형

경계선은 거의 게이힌 도후쿠센에 접해 있다. 무사시노 대지는 규아이소메카와舊藍染川가 유입하여현재의 요미세도오리에서 헤비미치(へび道) 네츠 계곡을 형성했다. 계곡의 동쪽은 우에노上野 대지, 서쪽은 혼쿄本鄕 대지로 구성되어 있다. 이러한 대지는 좁고 긴 산맥의 지형을 형성하고 있다15),16).

도쿠가와 막부의 도시계획은 지형에 따라 만들어졌다. 그리고 그것은 400년 후의 현재에도 이 지역에 살아남아 유지되고 있다. 이러한 것은 고지도14),17)와 현대 지도를 비교하면 한눈에 알 수 있다. 우에노 대지에는 데라마치, 혼쿄 대지에는 무사가 살던 가옥 부지가 형성되었다. 한편, 비탈진 대지와 저지대에는 신사와 불상을 중심으로 몬젠마치門前町와 상인, 장인이 사는 마을이 발달되어 활기를 보여 준다. 또한 대지와 저지대는 비탈길로 이어져 자연스레 언덕이 만들어졌다. 그곳에는 후지미富土見 언덕, 지조地藏 언덕, 이진異人 언덕 등, 에도의 시대성을 현대에 전해주는 '도시의 기억'이 되었다.

메이지 시대 이후 이 구조는 계승되어, 무사가 살던 가옥터는 대규모 시설과 고급 주택지가, 사람이 살던 마을은 상가거리와 밀집 주택지가 되었다. 야네센 지역은 지진과 전쟁으로 인한 큰 화재를 피한 곳이 많으며, 언덕과 절벽이 많은 지형의 특수성 덕도 있어 에도의 명소와 메이지, 다이쇼, 쇼와의 거리와 삶을 현대에 전하고 있다.

그러나 1980년대에는 이 지역도 지가상승으로 인해 오래된 목조가옥을 부수고, 멀리 내다보이던 풍경은 높은 건물에 가로막히고 지역주민들 간의 유대감은 무너지는 등 위기상황에 처해 있었다.

尾張屋清七板의 접이식 지도
에도 시대에 서민에게 이용되던 구분 지도다. 다섯 가지 원색을 사용한 선명한 지도였다. 역사적인 도시에는 고지도부터 현재의 거리기반이 된 당시의 마을만들기를 볼 수 있다. 예를 들어, 에도의 마을만들기는 현재도 도쿄 여기저기에 계승되어, 많은 신사가 그 장소에 남아 있다는 것을 고지도와 현대지도를 비교하면 알 수 있다.

도시의 프롬나드

이러한 위기는 잡지 「야나카 · 네츠 · 센다기」야네센와 마을 만들기 NPO '야나카 학교'의 공헌으로 피할 수 있었다. 이 잡지는 일상생활을 보내는 장소의 가치를 외부 사람만이 아닌 주민에게 인식시키는 데 큰 공헌을 했다. 그 결과, 견학을 온 외부 사람들과 산책하는 거주민이 늘어 지역은 활기를 띄게 되었다[18].

야네센 지역의 사람들은 생활의 특징을 살고 있는 거리환경, 살기 편함, 전통적인 거주민들끼리의 활발한 교류에 의해 얻어진다고 생각한다. 이러한 활동을 우리가 수집한 '패턴' 그림 6~10으로 찾아 봤다.

'녹지': 도로 옆 화단과 정원그림 6

경사진 곳에 남아 있는 녹음은 도시의 생명체가 살아숨쉬기 위한 귀중한 장소다. 야나카 묘원과 비탈진 숲에 살고 있는 새와 곤충은 골목과 가옥부지의 녹음을 따라 거리로 이동한다. 녹음과 생물이 만나는 환경은 도시의 매력을 높인다.

사원의 경내에는 나무들이 무성하고 정리된 녹음을 제공한다. 풍경도 좋으며 다소 마음이 가라앉는 공간이 된다.

단층주택의 처마에 화분을 늘어둔 '동네 정원'은 일본의 전통적인 녹화 디자인이다. 각 집집마다 심어놓은 화초가 연속적으로 풍기는 윤택한 녹지를 형성하고 있다. 자세히 보면 제각각 여러가지 아이디어가 있으며, 개성이 살아 있다. 화초를 키우고, 바라보고, 즐기는 행위를 통해 거주민들끼리 교류도 활발해지는 것이다.

잡지 「야나카 · 네츠 · 센다기」[18)
1985년 모리 마유미 등의 거주민에 의해 야네센 지역의 생활문화 자원을 기록, 보존하기 위한 목적으로 간행되었다. 이 잡지는 지역에 남은 오래된 건조물, 수공업, 인정, 이야기 등 에도 이후의 생활문화를 재인식시켜, 거주민들이 거리에 대해 긍지를 갖도록 만들며 거주민들 간의 유대감을 다지는 데에 공헌하였다.

동네 정원
사진은 독일의 원예잡지에 게재된 일본의 '골목 화단'이다. 이 사진을 촬영한 독일의 원예학자는 일본 원예의 원점을 느꼈을 것이다. 잡지의 표지로 사용한 것을 보면 얼마나 인상 깊었는지 짐작할 수 있다. 골목 화단은 일본에 있어 전통적인 커뮤니티 정원이라고 말할 수 있다. 주민이 자연과 다양한 형태로 공존하고, 그것을 창출하는 활동은 그 거리에 사는 사람들의 인식과 생활방식을 변화시켜, 커뮤니티의 재생으로 이어진다. 도시의 녹색을 되살리는 활동은 환경만이 아닌 건강, 안전 · 안심할 수 있는 마을만들기를 촉진시킨다.

NPO – 야나카 학교19)

도쿄 예술대학 건축과 학생들의 '친숙한 마을만들기' 조사를 계기로 태어난 조직이다. 학술의 틀을 넘어 주민, 직장인, 상점주 등 그 거리의 주인들이 중심이 되어 오랜 삶을 찾아다니는 '도시풍속학'과 같은 모습에서 시작되었다20). 재생된 메이지 시대의 집을 거점으로 역사적 건물의 개보수, 거리만들기의 상담까지 행하고 있다.

설립년월 :

1989년 7월

활동지역 :

도쿄 도 다이토 구 야나카 구역(야나카 · 네츠 · 센다기 · 이케노하타池之端 · 우에노사쿠라키上野櫻木 등)

활동목적 :

야나카 구역의 생활문화를 존중하며 거리의 매력을 키워, 미래로 계승하기 위한 관련 활동을 지원하고, 양호한 네트워크를 형성시키는 것을 목적으로 하고 있다. 활동성과를 지역에 뿌리내린 마을만들기의 예로서 야나카 지구 및 타 지역에 환원시키고 있다.

사무국 :

상주하지 않는다. 운영인(6명) · 운영 및 조력자(10명)가 자원봉사자로 참가

협력전문가 :

회원 중에 도시계획, 건축, 환경디자인, 재무회계 등 많은 전문가가 포함되어 있다. 회원 개인의 네트워크도 활용

야나카 학교의 거점(메이지 시대의 상가)

회원총수 :

200명. 각종 이벤트와 조사에는 다수의 학생이 실무부대로 참가

대상지역 주민 :

야나카 지구 마을만들기협의회 사무국을 담당(2000년도 발족. 거리회 연합회, 불교회, 커뮤니티 위원회, 상가회 참가). 야나카 커뮤니티 위원회에 참가. 지역 내외의 각종 단체와 개인, 네트워크를 형성하여 프로젝트 형태로 다양하게 활동하는 마을 · 신세대의 단체

활용내용 :

주민이 야나카 구역의 지역자산을 폭넓게 재인식할 수 있는 행사를 기획 · 운영하고, 지역자산을 조사하여 편집, 발행한다. 역사적 경관과 생활환경의 보존, 육성활동, 역사적 문맥과 생활환경을 키우는 건설행위와 관련된 활동, 지역의 기술을 보존육성하는 사업,

정보의 교환을 원만하게 진행하는 활동

조직 · 운영 :

운영인 회의 주 1회(수요일), 매월 6일에 각 프로젝트의 승인과 전체 운영조정을 실시. 프로젝트에 드는 비용은 독립적으로 운영하고, 수익의 일부는 학교에 환원

활동자금 :

년회비, '세대 유지협력자금(기부)', '프로젝트 협력금(수익금의 환원)', 보조금 · 조성금

행정과의 관계 :

조사위탁과 각종 심의회 위원이 되어 제언한다. 도쿄 도 경관심의회 2000, 2001년도 도시공모위원. 다이토 구 녹색의 기본계획 심의회 2000년도 구민위원. 도쿄 도 사회교육관계단체에 대한 보조금(2001년). 다이토 구 길거리경관대회 '길거리상'(1995년). 도쿄 도 아름다운 경관만들기 활동단체상(1996년)

역사적 건조물: 역사적 건조물이 일상의 생활환경으로 살아 있다그림 7

에도에서 다이쇼 시기에 걸쳐 목조주택과 사원이 형성된 거리는 주민이 애착과 긍지를 가진 지역자산이다. 기와지붕, 겹겹이 쌓아올린 흙담은 거리에 아름다움을 전하고, 거리의 불상과 석조 기둥에서 역사를 느낄 수 있다.

야나카의 사원은 교토와는 전혀 다른 풍미를 느낄 수 있다. 개방적이고 서민적인 에도다움이 있다. 그런 탓일까, 야나카의 절과 무덤은 전혀 무섭지 않다. 여기는 밤 늦게까지 데이트 코스로, 애완견과의 산책로로, 불꽃놀이 등으로 사용된다. 참배하러 온 사람이 아니더라도 오가다가 만나는 장소인 것이다.

전쟁의 피해를 입지 않은 도시에는 도심을 중심으로 역사적 건조물이 많다. 이것을 일상의 생활공간에 어떻게 활용할 수 있는가가 매력적인 도시거주 환경형성의 열쇠다. 야나카의 마을만들기는 그 모델이 된다.

길: 골목은 도시의 커뮤니티를 만들고, 안전·안심의 공간이 된다그림 8

야나카의 길은 '걷고 싶은 생활환경'이다. 고개와 언덕에서 볼 수 있는 풍경, 좁은 골목의 커뮤니티, 인간적이며 활기있는 상가골목, 예술공간과 같은 매력이 넘친다.

야나카에는 언덕이 많다. 그 대부분에 명칭이 정해져 있다. 이러한 현상은 일본 특유의 것이다. 예를 들어, 샌프란시스코도 언덕이 많은 것으로 유명하다. 그러나 지형과의 관계가 약하며 기하학적인 그리드가 지역 전체를 덮고 있어, 길의 이름은 있어도 언덕을 의식하여 정해진 것은 아니다[20].

야나카의 언덕은 지형조건단고자카(團子坂), 자연풍경후지미자카, 언덕의 지형S자 언덕, 전설과 일화귀신 계단, 사원명곤겐자카(權現坂), 무사가 살던 가옥명오규자카(大給坂)에 따라 이름이 지어져 도시의 추억으로 자리잡았다.

양쪽의 주택으로 둘러싸인 골목은 사람들의 광장이며, 사교장이자 물건을 파는 즉석 시장이기도 하다. 그곳에는 어린이들이 뛰어노는 모습과 엄마들이 이야기하는 모습, 노인들이 쉬는 모습을 볼 수 있다. 도시에서 안심할 수 있는 안전한 공간이다. 이렇게 형성된 긴밀한 거주민들 간의 유대감이 비상시에 힘을 발휘하는 것은 한신·아와지淡路 대지진에서 이미 증명되었다.

점포: 생활·상점·직장·문화의 융합이 자기만의 지역특성을 형성한다그림 9

일본 도시의 매력은 상점과 거리 공장, 주택이 적절하게 혼재되어 있는 것이다. 일본의 많은 도시는 이러한 것들을 경제발전을 우선시한 도시계획으로 인해 잃어버리고 있다. 하지만 이것은 야나카에 남겨야 할 매력이기도 하다. 용도가 혼재되어 있으면 다양한 사람들이 살고, 거리가 활성화되며, 살아 있는 생동감이 넘친다.

'우리 거리에는 스님이 있으며, 장인도 있고, 학생도 있으며 노인도 있다. 다양한 세대의 사람이 있으며, 자신과 다른 사람들이 있어 재미있다. 가능한 한 다른 사람과 만나, 자신이 생각하지 못한 것이나 몰랐던 것들을 접하는 것이 '도시'라고 잡지 「야네센」의 대표인 모리 마유미는 말하고 있다25).

다양한 생활필수품을 갖춘 상점가, 예술공간은 이러한 사

art-Link 우에노 - 야나카26)

1997년부터 시작된 미술의 사원 우에노와 그곳과 인접한 야나카 · 네즈 · 센다기 등의 시가지를 예술을 매개로 하여 연결하는 이벤트다. 관객은 배포된 지도를 손에 들고 거리를 걷고 즐기며, 각각의 거점을 찾아 걸어다닌다. 지역에 있어 자발적으로 새로운 예술의 이상향을 모색하고, 시민이 예술에 참가하기 위한 공간제공을 지향하고 있다. 공예품에서 '음~~'하고 탄성이 나오고, '?'가 많이 나오는 현대미술에 이르기까지 다양한 가치관을 가진 개인이나 단체가 독자적인 기획으로 여기에 참가하고 있다.

람들의 정보교환과 현대문화와 접점을 이루는 공간이 되어 있다.

열린 공간 외: 복합적이며 섬세하고 다양한 매력을 만난다

그림 10

그 외에도 야나카에는 다양한 매력이 있다. 그것은 복합적이며, 섬세하고 친환경 요소를 갖추고 있기 때문에 매력적이다.

거리에 있는 신사에는 다양한 자원의 특징이 마련되어 있다[23]. 부담없이 드나들며 우거진 나무그늘이 있고 호수나 연못 등이 주는 윤기가 있다. 축제와 시장이 있고, 역사가 살아 있고, 휴식과 여가를 즐길 수 있는 공간이다.

야나카는 우물의 마을이기도 하다. 말라버려 사용하지 않는 우물까지 50곳 이상의 우물이 남아 있다[21]. 이 지역은 자연지형으로 인해 양질의 물이 공급되는 곳이 많다. 아사쿠라 조소관朝倉彫塑館의 연못, 두부가게 후지노藤野는 우물물을 이용한 것으로 잘 알려져 있다. 또한, 지진이 일어날 때에는 우물이 귀중한 식수의 공급원이 된다.

생태계가 풍부한 비탈면에 남은 녹지 ———————— 〔ID〕〈거리〉

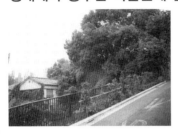

□ 지역 자연의 중요한 골격
□ 개발을 피한 귀중한 자산
□ 새들이 지저귀는 소리가 들린다.
□ 입면의 녹지는 시각적인 효과가 크다.

오래 전부터 있던 사원의 녹지 ———————— 〔ID〕〈거리〉

□ 도회지 속에서 정리된 녹지가 확보되어 있는 공간
□ 거리의 녹지 거점
□ 마음이 편해진다.
□ 거리의 명소인 사원을 청소하는 정원사는 거리의 표
  정을 만든다.
□ 지켜보는 사람이 있으므로 안심하고 들어갈 수 있다.

다양한 화분이 있는 골목의 녹지 ———— 〔ID · HS · CM〕〈거리 · 디테일〉

□ 생활이 있다.
□ 화분을 관리하는 사람의 존재를 느낄 수 있다.
□ 좁은 골목이 화초로 인해 차분해진다.
□ 평온함을 느낄 수 있으며, 마음이 편안해진다.
□ 보행자에게 부드러운 환경을 만들어 걸어도 즐겁다.
? 겨울에는 화분을 실내에 들여놓을 것이다.

오래 전부터 있던 나무 ———————— 〔ID〕〈거리 · 디테일〉

□ 차를 차단하고, 녹지를 제공하는 데 중요한 큰 나무
□ 사람과 자전거는 지나갈 수 있다.
? 오토바이는?
□ 거리에 있는 녹지가 그대로 있다.
□ 녹지 아래를 지나는 것이 기분 좋다.

주 : 〔 〕안은 구성요소 분류 – ID(아이덴티티), HS(휴먼스케일), CM(커뮤니케이션), 〈 〉안은 스케일 분류 – 거리, 건물,
    디테일, □ – '좋네' 라고 생각되는 이유, ! – 발견과 제안, ? – 착상과 질문

그림 6. 야나카의 패턴(1) 녹지

역사 · 전통을 느끼게 하는 신사 ─────── 〔ID · CM〕 〈거리 · 건물〉

□ 야나카의 거리 인상을 만드는 사원의 문
□ 역사의 연륜이 차분함과 격조를 전한다.
□ 녹지공간을 거리에 제공하고 있다.
□ 사원은 거리, 공원에 있으며, 커뮤니티의 인큐베이터
　가 된다.

역사 · 전통을 느끼게 하는 흙담 ─────── 〔ID〕 〈거리 · 디테일〉

□ 맛이 느껴지는 담장
□ 기와를 쌓아 만든 중후한 멋이 흐르는 담
□ 외벽이 세월이 쌓인 거리 이미지를 표현하고 있다.
□ 거리의 표식이 된다.
□ '마치카도상'을 수상

오래 전부터 있던 거리표식 ─────── 〔ID〕 〈거리 · 디테일〉

□ 거리의 표정을 만드는 울타리
□ 매일 보면서 지나다녀도 질리지 않는 다양한 표정의
　돌
□ 오래된 돌에 새겨져 있는 문자가 흥미롭다.
□ 시간이 흘러 돌은 가지각색으로 기울어져 있다.
□ 어린이도 즐기며 잠시 앉아 쉴 수 있는 느낌

전통주택과 양옥이 마주보고 있는 골목 ─────── 〔ID · HS〕 〈거리〉

□ 오래된 전통주택과 양옥집이 마주보고 있다.
　시간에 따라 겹겹이 쌓인 변화를 느낄 수 있는 공간
□ 거리의 개성을 나타내는 작은 랜드마크

주 : 〔 〕 안은 구성요소 분류 － ID(아이덴티티), HS(휴먼스케일), CM(커뮤니케이션), 〈 〉 안은 스케일 분류 － 거리, 건물,
　　디테일, □ － '좋네' 라고 생각되는 이유, ! － 발견과 제안, ? － 착상과 질문

그림 7. 야나카의 패턴(7) 역사적 건조물

도시의 프롬나드

거리를 조망하는 계단 ·· 〔ID〕〈거리〉

- □ 야나카 거리의 현관과 같은 존재인 계단
- □ '서서히 물드는 저녁놀'이라고 할 정도로 석양에 물든 거리를 조망할 수 있다.
- □ 사람들이 오가다 만나 활기가 느껴진다.
- ? 자전거와 장애인에게는 힘든 계단. 옆의 슬로프는 자전거용으로

전망이 좋은 언덕 ·· 〔ID〕〈거리〉

- □ 조망은 시간, 계절에 따라 다양하게 변하며, 주민을 즐겁게 한다.
- □ 이사를 가도 잊을 수 없는 풍경

고양이가 있는 골목 ·· 〔HS〕〈거리〉

- □ 야나카 거리의 상징적인 풍경
- □ 정원같은 느낌으로 기분이 좋다.
- □ 구석에 이어진 묘지의 공간과 녹지가 깊이를 전해준다.
- □ 아직 포장되어 있지 않은 골목이 남아 있다.
- ? 고양이의 배설물은 누가 정리하는가?

작은 커뮤니케이션 공간이 되는 골목 ································· 〔CM〕〈거리〉

- □ 사람의 눈, 귀에 의한 방범, 거주민에 의한 자연스런 감시
- □ 외부인과 거주민과의 가벼운 대화가 흘러나올지도 모르겠다.
- □ 걷기 편한 우물 옆은 회의장소가 된다.
- □ 어린이의 놀이터도 된다.

주 : 〔 〕안은 구성요소 분류 - ID(아이덴티티), HS(휴먼스케일), CM(커뮤니케이션), 〈 〉안은 스케일 분류 - 거리, 건물, 디테일, □ - '좋네' 라고 생각되는 이유, ! - 발견과 제안, ? - 착상과 질문

그림 8. 야나카의 패턴(3) 길

수다를 떨 수 있는 상점 ⸻⸻⸻⸻⸻ 〔ID·HS·CM〕〈거리·건물〉

□ 물건을 사고 앉아서 수다를 떤다.
□ 언제나 익숙한 사람이 있다.
□ 도시의 커뮤니티는 세대를 계승하며 성장한다.

오래된 가게 ⸻⸻⸻⸻⸻⸻⸻ 〔ID·HS·CM〕〈거리·건물〉

□ 전문가 취향의 전문점 (도구점)
□ 들여다 보고 싶은 가게 앞

일하는 곳이 보인다 ⸻⸻⸻⸻⸻⸻⸻ 〔ID〕〈건물·디테일〉

□ 물건 만드는 것은 활기 있고 재미있다.
□ 장인이 작업하는 모습을 보는 것은 즐겁다.
□ 어린이에게 산 교육이 된다.
□ 거리역사를 이야기한다.
! 지역산업을 다시 보는 기회가 된다. 상품의 선전효과
  도 있지 않을까?

들어가기 편한 갤러리 ⸻⸻⸻⸻⸻⸻ 〔ID·CM〕〈거리·건물〉

□ 지역 예술가의 전시와 함께 도자기 등의 공예품 주문
  도 가능하다.
□ 다른 갤러리와 연결되어 있어 거리 산책의 통로가 되
  어 있다.
□ 거리 예술가와 장인의 발표 공간
□ 친숙하게 들를 수 있어 주민 생활을 정신적으로 풍요
  롭게 한다.

주 : 〔 〕 안은 구성요소 분류 - ID(아이덴티티), HS(휴먼스케일), CM(커뮤니케이션), 〈 〉 안은 스케일 분류 - 거리, 건물,
    디테일, □ - '좋네'라고 생각되는 이유, ! - 발견과 제안, ? - 착상과 질문

그림 9. 야나카의 패턴(4) 점포

114   도시의 프롬나드

애완동물을 풀어둘 수 있는 공원 .... 〔ID · CM〕〈거리〉

□ 애완동물은 강력한 상호교류의 촉진도구다.
□ 다른 사람에게 위화감이 없다.
□ 안심하고 개를 풀어둘 수 있다.
□ 신사와 사원 안은 공원역할을 한다.

어린이 모임이 있는 커뮤니티 센터 .... 〔ID · CM〕〈건물〉

□ 어린이와 어머니들이 모인다.
□ 유치원 앞? 어린이들이 함께 놀 수 있는 장소가 있
　다.
□ 관리하는 사람이 있어 공원을 사용하기 편리하다.
□ 안전해서 안심할 수 있다.
! 어린이를 키우는 환경을 커뮤니티가 지켜준다.

녹지의 회람판 .... 〔CM〕〈거리 · 디테일〉

□ 거주민이 키우는 녹지의 판
! 녹지를 되돌린다는 발상의 전환이 좋다

역사를 말해주는 우물 .... 〔ID〕〈거리〉

□ 역사를 말해주는 풍경이다.
□ 어린이들에게 적절한 놀이공간이 된다.
□ 나무그들과 물이 주는 윤택함이 있다.

주 : 〔 〕안은 구성요소 분류 – ID(아이덴티티), HS(휴먼스케일), CM(커뮤니케이션), 〈 〉안은 스케일 분류 – 거리, 건물,
　　디테일, □ – '좋네' 라고 생각되는 이유, ! – 발견과 제안, ? – 착상과 질문

그림 10. 야나카의 패턴(5) 오픈 스페이스 위

다이칸야마 힐사이드 테라스23)
지역주민인 아사쿠라 형제와 건축가 마키 후미히코(槇文彦)가 다이칸야마에 새로운 거리 이미지를 만들어냈다. 길이가 200m인 거리를 1969년부터 30년간에 걸쳐 조금씩 증축하면서 형성해 왔다. 토지에 남은 역사(지형과 고적, 수목과 지역건물 등)를 도입하여, 높아지는 건물높이를 억제하고 거리에 접한 광장을 나누었다.
자연을 활용한 휴먼스케일의 도시 디자인이다. 이런 계획은 주변 건축에도 영향을 미치며 파급효과를 가져왔다. 1993년에 도시 디자인에 수여하는 '프린스 오프 윌즈 상'을 수상했다.

3. 다이칸야마 - 세련된 상점과 자연·역사를 걸으며 즐긴다

　　다이칸야마27)는 다양한 표정을 보여주는 거리다. 다이칸야마라고 하면 힐사이드 테라스로 대표되는 도회적이며 세련된 중앙로, 그리고 주택지 내의 정겨운 레스토랑과 가게가 떠오른다. 그 외에도 거리에는 녹지와 사적이 남아있어 또 하나의 매력이 된다.

　　다이칸야마는 그림 11의 지도와 같이 터미널 역할을 하는 JR 야마테센 시부야 역, 에비스 역, 도큐 도하마센 나카메구로 역을 연결하는 삼각형의 중앙에 에어 포켓과 같이 자리잡고 있다. 이 구역은 구 야마테도오리를 둘러싸고 동쪽에는 시부야 구, 서쪽에는 메구로 구가 있다.

　　다이칸야마라는 지명에 대해 『新修 澁谷區史』에서는 간토부다이다이칸를 가진 산림이기 때문에 이 이름이 지어진 것이 아닌가 하고 추측하고 있다.

　　그곳은 언덕의 지붕에 위치하고 있다. 그림 11의 지형도와 같이 서쪽 시부야 대지가 시부야 강(JR야마테센 주변과 메구로 강야마테도오리 주변에 의해 침식된 계곡으로 둘러싸인 언덕이 다이칸야마다. 지붕은 구 야마테도오리 선상에 있으며, 서쪽에 접해 있다. 따라서 동쪽의 시부야 강을 향해서는 완만한 경사면이 형성되어 있다. 한편, 서쪽의 메구로 강은 좁은 계곡으로 표고차 20m 이상의 급격한 절벽이 계속되기 때문에 경사가 급한 언덕이 많다. 절벽선에는 도시에 귀중한 녹지의 연단이 남아 있다. 또한 절벽 위예를 들어, 니시다토야마 공원에서 서쪽을 바라본 경치는 매우 특별하다.

도시의 프롬나드

그림 11. 다이칸야마의 지도와 지형

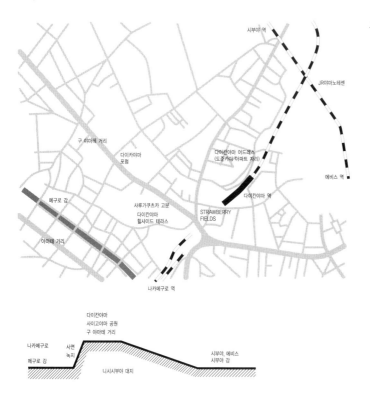

오래된 역사적 자산도 많이 남아 있다. 야요이彌生 시대 말기의 구덩이식 주거인 '사루가쿠猿樂 고대 주거유적', 고분古墳 시대의 원형고분 '사루가쿠츠카猿樂塚' 유적이 출토된 곳이며, 고대부터 사람이 살던 곳이라고 추측된다.

중세 시대에는 가마쿠라鎌倉 길이 이 언덕을 넘고 메구로 강을 건너 가마쿠라까지 이어져 있었다. 이것이 지금의 하치만八幡 거리다. 힐사이드 테라스 아넥스 동의 지조도地藏堂에 도로 표식이 남아 있다. 이 거리와 교차하는 구 야마테도오리를 따라 타마 강 상수가 나온 미타三田 용수로가 흐르고 있다. 농촌이었던 메이지 말기까지 관개용수, 물레방아용수로 이용되었다. 메이지 시대에 에비스 맥주가 생긴 근원이 되었다.

노천 카페에서 일본의 전통경관을 본다

노천 카페에서는 거리를 걷는 사람들의 패션과 생활의 표정을 바라보며 시간을 보낼 수 있다. 여유로움이 느껴진다.

다이칸야마에는 사진과 같은 노천 카페를 자주 볼 수 있다. 그곳에는 친구, 연인, 부부, 마을사람들이 차를 마시며 음악을 듣고, 이야기를 나누며 거리를 바라보고 있다. 이곳은 점포 앞을 지나는 사람들에게도 주의를 기울여 노천 카페에 앉아 있는 사람들과 거리를 왕래하는 사람들 간의 교류를 발생시킨다. 이런 분위기는 혼자 있어도 기분이 좋으며, 마음이 편안해진다.

일본의 경관 연구자인 히구치 다다히코에

의하면 '오래 전, 일본인이 살던 장소는 인간의 생활과 주변자연이 적절하게 조화되어 편안한 경관이었다'고 했다[10]. 같은 의미로 영국의 애플턴이라는 지리학자는 '생물이 살기 적합한 장소는 인간에게 있어서도 아름답게 보이며, 미적 만족감을 가져온다'고 했다. 그러한 장소는 '감추어진 집', '조망이 좋은 장소'이며, 일본의 지형경관에서는 '산 주변'을 들 수 있다. 산 주변이란 산과 평지가 접하는 경계부분이다. 뒤를 둘러싼 산은 심리적으로 안정감을 가져오고, 전방의 평지는 사람이 생활해 나가기 위한 장소를 제공한다.

히구치는 '산 주변'의 지형경관이 노천 카

'산 주변'과 같은 안락함을 느낄 수 있는 노천 카페

페와 같은 좋은 기분을 가져온다고 논리적으로 설명한다. 건물을 등지고, 앞으로는 열린 거리와 광장의 활동적인 경관을 보면서 휴식할 수 있는 '패턴'이다. 이것이 노천 카페에 사람들이 모이는 법칙 중 하나라고 생각한다.

히구치는 노천 카페를 '제3의 장소'라고 부르고 있다. '가정에서도, 직장에서도 모르는 사람과 분위기를 공유할 수 있는 장소', '사적 공간이면서 공공적인 성격을 가지고 있는 장소'라는 의미다. 또 하나의 제3의 장소로서 '사이間'의 장소를 들고 싶다. 건축가 미야모토 다다나가宮本忠長는 강연에서 오부세小布施의 마을만들기에 있어 '사이라는 공간'에 집중하고 있다고 말하였다. 이것도 생활환경에 좋은 기분을 제공하는 장소라고 생각된다.

2004년 경관법이 시행되어, 아름다운 마을만들기를 향해 활동이 시작되고 있다. 이때 큰 난관은 지향해야 할 경관상을 설정하는 것이다. 이 과제에 대해 히구치는 도시경관에 있어서 아름다움은, 생활환경만들기, 모여 살 수 있는 장소로서의 아름다움이라고 한다. 또한, 그 힌트는 주민이 편안함을 느끼는 장소에 있다고 생각한다.

그 장소와 토지가 가져오는 편안함의 구조와 법칙을 발견하고, 그것을 창조적으로 경관에 적용하기 위해서는 '그 지역에서 만들어 그 지역에서 소비'해야 하고, 이런 의미야말로 '개성있는 마을만들기'의 기본자세라고 할 수 있을 것이다.

도준카이(同潤會) 다이칸야마 아파트27)

간토 대지진 부흥사업의 일환으로서 세번째로 건축된 도준카이 아파트(1925~1927년)는 부지 면적 약 2만㎡, 건축율 25%, 용적율 61%, 2~3층 건물 36동, 동수 348 규모의 저층집합주택이다. 자가수도, 수세식 화장실 등 최신설비를 갖췄다. 인간중심 설계와 섬세한 제작기술을 통해 쇼와 초기에 모더니즘을 상징하는 건물이 되었다. 1996년에 노령화로 인해 해체되어, 그 자리에는 '다이칸야마 어드레스(2000년)'가 건축되었다.

다이칸야마 지역은 에도 시대부터 농촌이었지만, 무사의 집 부지도 다수 존재한다. 현재의 사이고야마西鄕山 공원은 에도 시대의 분고오카한豊後岡藩이라는 무사의 집터였다. 메이지 말부터 집을 짓기 시작해서 시가지가 형성되었다. 다이쇼 시기부터 메이지 초기에 걸쳐서는 재난부흥 복구사업으로, 1927년에 도준카이 아파트가 건설되었다. 옆 터미널 주변은 상업용지가 남아 있었지만 다이칸야마는 1960년대까지 적막한 주택가였다. 지금의 다이칸야마의 이미지를 형성하고, 그 후의 방향을 만든 것은 구 야마테도오리를 따라 건축된 '다이칸야마 힐사이드 테라스'다. 자연조건과 주변환경을 살린 저층의 건축군이 인간을 중심으로 한 도시적인 거리와 공간을 구성하고 있다.

1980년대에 들어서면 그때까지의 다이칸야마의 분위기를 재생한 점포, 레스토랑이 곳곳에 들어와 방문객도 늘어나게 되었다.

또한, 2000년에 도준카이 아파트 자리에는 대형복합시설 '다이칸야마 어드레스'가 문을 열었다. 어드레스가 완성될 무렵, 상업건물이 늘어나 상업권과 생활공간인 주택 사이에 불균형이 생겨나게 되었다30).

종종 문화적 가치의 집적이 어떤 단계에서 경제적 가치로 전환하는 진부한 현상을 볼 수 있다. 이 거리의 개성인 문화자원의 침식, 소실을 방지하기 위해서는 살고 있는 사람들과 일하는 사람들의 협력이 요구된다. 이 거리의 소중한 것과 매력적인 자원이 무엇인지를 찾아내고, 공유해 나가는 것은 기본이다. 그를 위한 시도로 언어, 즉 패턴과 이미지 사진을 통해 우리가 본 다이칸야마의 매력을 그림 12~16에 표현했다.

점포: 친숙한 가게와 노천 카페를 즐기며 산다그림 12, 13

다이칸야마는 주택지면서도 곳곳에 개성적인 점포와 정겨운 카페와 숨겨진 레스토랑이 있는 것이 매력이다. 도심에서 사는 즐거움은 다양한 시설을 걸어서 이용할 수 있는 것과 그러는 가운데 친숙한 장소를 가진다는 것이다. 멋있는 점포만이 아니라, 고소한 크로켓 맛이 일품인 가게, 싸고 신선한 채소를 파는 노점도 있어야 살아 있는 거리를 느낄 수 있다. 이러한 것들은 소중히 간직해야 할 매력이다.

또한, 이 거리에는 창조적인 소규모 사업가, 디자이너, 예술가 등 일하는 사람이 존재하고 있다. 주택, 점포, 사무실 등 다양한 용도의 건물이 있는 거리는 밤낮으로 활기가 넘치며 사람들과 만날 수 있는 기회를 제공한다. 알렉산더는 '도시란, 인간의 상호접촉을 위한 장치'라고 했다. 가정과 직장 가까이에 있는 카페, 레스토랑, 바 등은 친구나 이웃들과의 만남을 키우는 '커뮤니티 배양기구'가 된다.

다이칸야마에는 노천 카페를 자주 접할 수 있다. 건물과 가로의 접점부에서 거리를 바라본다. 차를 마시고 음악을 들으면서, 사람들의 패션과 생활의 표정을 바라보는 것은 즐겁다. 이 장소는 가게 앞을 지나는 사람들의 주의를 끌어, 아는 사람과도 만날 수 있다. 노천 카페에는 보고 또 볼 수 있는, 그리고 자연과 교류할 수 있는 휴먼스케일이 존재하고 있다.

길: 다양한 표정이 걷고 싶게 만든다그림 14

다이칸야마의 길에는 다양한 표정이 보인다. 자연지형이 남아 있어 중앙로와 골목이 복잡하게 얽혀 있다. 언덕이 많고 돌을 쌓아둔 곳과 도중에 휘어진 곳, 보이지 않는 언덕길 등 다양하다. 언덕을 올라가면 눈 앞의 풍경이 한순간 변하는 곳도 있다. 그리고 그 길에는 누구에게나 열려 있는 개성적인 가게, 꽃과 나무로 연출된 풍경, 쇼와 초기의 현대적인 주택과 중세의 사적 등 역사의 기억이 존재한다.

앞에 서술한 제이콥스는 문화적 향기가 높고 인간적인 매력을 갖춘 도시의 조건 중 하나로 골목을 들고 있다. 다이칸야마의 골목에는 다양한 '걷고 싶은 거리'의 매력이 있다.

자연·역사 외: 다양한 매력의 혼합은 다양한 사람들이 살고 싶게 한다그림 15, 16

다이칸야마에는 도회적인 자극과 자연공간의 여유가 공존한다. 낡은 곳도 남기면서 새로운 곳이 생기고 있다. 구 야마테도오리에는 대사관이 있어 국제적인 색이 풍부하다. 다양한 매력이 섞인 혼합체로 다양한 세대와 생활방식을 가진 사람들이 살고 싶게 하는 매력이다.

오래된 건물이 현대적 건물과 병치되면 두 시대를 동시에 볼 수 있다. 수리를 한 건물은 지금도 문제없이 사용되고 있고, 거리에서는 시간의 흐름을 말하고 있다.

도시 속에 있는 언덕과 강은 사람들의 생활을 담을 수 있는 정신적인 축이 된다. 사이고 고쿠미치西鄕從道의 별장이 있던 사이고야마 공원은 석양이 아름답다. 메구로의 언덕풍경이 눈앞에 펼쳐지는 광경은 자연지형의 아름다움을 실감할 수 있다. 또한, 계절의 변화를 느끼기 힘든 도시에서 메구로 강의 벚나무는 계절을 느끼게 하는 존재다.

다이칸야마는 여러 매체에도 자주 등장한다. 그러나 그것은 패션, 잡지, 레스토랑 등 가게가 모여 있는 거리의 표정을 전한 것이고, 이러한 정보는 표층적이며, 다이칸야마가 가진 매력의 극히 일부에 지나지 않는다[27].

골목에 있는 갤러리   〔ID · HS〕〈건물〉

ㅁ걷다 보면 바로 보인다.
! 오래된 민가를 개보수하여 내집처럼 들어가기 편하다.
ㅁ활기가 연출되어 활성화된다.
ㅁ거리로 열린 창이 친근감을 전한다.
ㅁ매력적인 가게에 들르고 단골집이 생겨 즐겁다.

생활감이 있는 주택의 부티크   〔ID〕〈건물〉

ㅁ주택지의 세련미를 높인다.

개성적인 점포   〔ID · HS · CM〕〈거리 · 건물〉

ㅁ유럽과 같은 점포로 구성되어 있다.
ㅁ실내가 잘 보이는 것이 즐겁다.
ㅁ적은 수의 개인 상점
ㅁ센스있는 개인 상점
! 개성적인 소점포를 키우는 것이 거리를 매력적이고 개성적이게 한다.

도로에 나온 노점   〔HS〕〈거리〉

ㅁ생활을 느끼게 하는 요소다.
ㅁ노점의 매력은 저렴한 가격과 흥정이다.

주 : 〔 〕 안은 구성요소 분류 – ID(아이덴티티), HS(휴먼스케일), CM(커뮤니케이션), 〈 〉 안은 스케일 분류 – 거리, 건물, 디테일, ㅁ – '좋네'라고 생각되는 이유, ! – 발견과 제안, ? – 착상과 질문

그림 12. 다이칸야마의 패턴(1) 점포

세련된 주상복합 주택 ──────────── 〔ID · HS〕 (건물)

□ 노천 카페, 레스토랑이 있는 맨션
□ 용도가 혼재되어 있으면 유령도시가 되지 않는다.
! 점포는 문화시설 · 아동시설 · 고령자시설을 모두 갖
   춰야 한다.

평판 좋은 레스토랑 ──────────── 〔ID · HS〕 (거리 · 건물)

□ 평판이 좋은 가게는 거리 이미지를 향상시킨다.
□ 개성적인 가게가 화초로 둘러쌓여 있다.
□ 어떤 가게인지 알고 싶어 메뉴를 본다.
□ 유럽과 같이 세련되었다.

밤에도 활기 있는 노천 카페 ──────────── 〔ID · HS〕 (거리 · 건물)

□ 밤에도 사람을 만나며 여유 있게 산다.
! 제3의 장소, 모르는 사람이라도 함께 앉을 수 있는 큰
   테이블이 필요하다. 도회의 고독감에서 해방될지도
   모른다.

골목의 포장마차 ──────────── 〔HS〕 (거리)

□ 여기서 먹을 것, 마실 것을 사가지고 공원 등의 벤치
   에서 잠깐 쉰다.
□ 점주와 친해지는 사람도 많다.
□ 포장마차의 매력은 가격과 흥정이다.

주 : 〔 〕 안은 구성요소 분류 — ID(아이덴티티), HS(휴먼스케일), CM(커뮤니케이션), 〈 〉 안은 스케일 분류 — 거리, 건물,
    디테일, □ – '좋네' 라고 생각되는 이유, ! – 발견과 제안, ? – 착상과 질문

그림 13. 다이긴야마의 패턴(2) 점포

폭이 넓은 보도 .... 〔ID · HS〕 (거리)

□ 나란히 걸으면서 이야기하고, 녹지, 건물, 풍경, 보행
  자 등을 볼 수 있다.
□ 천천히 걸을 수 있는 보폭, 디자인, 완충역할을 하는
  녹지가 편안함을 전해준다.
! 유모차와 휠체어라도 안전해서 안심할 수 있다.

매력적인 가게가 늘어선 골목 .... 〔ID · HS〕 (거리)

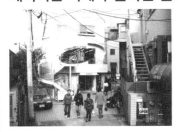

□ 유행숍이 늘어선 골목
□ 젊은 사람과 커플이 모여 어울린다.
□ 패션 관련 가게에 젊은 사람이 모인다.

녹지가 많은 언덕 .... 〔ID · HS〕 (거리 · 디테일)

□ 산책이 즐겁다.
□ 우측은 카페다.
□ 풍요로운 녹지의 주택지
? 노인과 장애인에게는 힘들다.

돌바닥의 골목 .... 〔ID · HS〕 (거리 · 디테일)

□ 골목으로 차가 들어갈 수 없다.
□ 어린이들의 놀이터가 된다.
□ 돌바닥은 운치를 느끼게 하며 도시의 표정을 부드럽
  게한다.
□ 역사를 느끼게 하는 돌바닥은 적절한 긴장감딱딱함과
  편안함도 전한다.

주 : 〔〕 안은 구성요소 분류 – ID(아이덴티티), HS(휴먼스케일), CM(커뮤니케이션), 〈 〉 안은 스케일 분류 – 거리, 건물,
  디테일, □ – '좋네' 라고 생각되는 이유, ! – 발견과 제안, ? – 착상과 질문

그림 14. 다이칸야마의 패턴(3) 길

보도로 열린 광장 ──────────── 〔ID · HS〕〈거리〉

□ 마음대로 다른 공간으로 걸어서 이동할 수 있다.
□ 들어오고 나가고 해서 공간이 넓게 느껴진다.
□ 거리에서 쉽게 들어갈 수 있는 점포가 모여있다.
! 건물 사이는 골목 · 광장 · 녹지 등 다양한 공간이 된
　다.
! 도시 사이의 네트워크를 형성한다.

역사를 느끼게 하는 아파트 ──────── 〔ID · HS〕〈건물〉

□ 거리의 역사를 느끼게 하는 모뉴멘트.
□ 거리의 기억이 되는 건물이다.

외국인이 많이 사는 거리 ──────────── 〔CM〕〈거리〉

□ 다양한 사람이 사는 거리다.

전망 좋은 공원 ───────────── 〔ID · CM〕〈거리〉

□ 거리전체를 볼 수 있는 공원, 일몰이 보이는 장소는
　명소가 된다.
□ 역사가 있는 기념공원.
□ 거주민이 저녁산책을 하며 친해진다.
□ 애완동물을 산책시킬 수 있는 장소 → 주인끼리의 커
　뮤니케이션.
? 노숙자 대책은?(벤치의 구분선이 없어서)

주 : 〔 〕 안은 구성요소 분류 - ID(아이덴티티), HS(휴먼스케일), CM(커뮤니케이션), 〈 〉 안은 스케일 분류 - 거리, 건물,
　　디테일, □ - '좋네' 라고 생각되는 이유, ! - 발견과 제안, ? - 착상과 질문

그림 15. 다이칸야마의 패턴(4) 자연 · 역사 외

　　　　　　　　　　　　　　　　　　　　　도시의 프롬나드

벚나무가 있는 강

〔ID〕(거리)

ㅁ 수변공간은 주택지 안의 중요한 열린 공간이다.

ㅁ 물과 녹지가 거리에 편안함을 전해준다.

ㅁ 거리의 자랑거리인 벚꽃놀이의 명소다.

지역의 유서깊은 불상

〔ID〕(거리 · 디테일)

ㅁ 지역을 지키는 불상으로서 지금도 소중히 여기는 존재다.

ㅁ 꽃이 새롭게 바뀌어 있어 누군가가 관리를 하고 있다는 것을 알 수 있다.

ㅁ 거리의 역사를 느끼게 하는 유물이다.

? 오래된 것이라고 덮어놓고 보존하면 형식적인 것이 되기 쉽다.

유서깊은 녹음

〔ID〕(거리 · 디테일)

ㅁ 거리의 역사를 느끼게 하는 장소다.

ㅁ 잠깐 쉬거나 놀 수 있는 작은 광장이다.

! 거리 속에 정리된 녹음을 제공한다.

? 곤충과 낙엽, 쓰레기 등의 대책이 중요하다.

오랜 전부터 있던 나무

〔ID〕(거리 · 디테일)

ㅁ 다소 장애가 되지만 역사를 느낄 수 있다.

ㅁ 장소의 기억에 공헌하는 거리의 아이덴티티.

ㅁ 옛길은 오래전부터 사람이 다니던 장소이므로 보행자도로로 만들기에 효과적이다.

? 차와 사람에게 최적의 경사가 다르기 때문에, 거리가 분리되어 버린다.(보도와 차도의 단차)

주 : 〔 〕 안은 구성요소 분류 – ID(아이덴티티), HS(휴먼스케일), CM(커뮤니케이션), 〈 〉 안은 스케일 분류 – 거리, 건물, 디테일, ㅁ – '좋네' 라고 생각되는 이유, ! – 발견과 제안, ? – 착상과 질문

그림 16. 다이칸야마의 패턴(5) 자연 · 역사 외

3-3 개성을 해독한다

1. 거리의 개성이란

　개성있는 거리는 두 가지 요소에 의해 창조된다. 그 두 가지는 '거리 자체의 개성'과 '마을만들기의 개성'이다.

　'일본 전국 어디를 가더라도 유사한 풍경이다'라고 말해진 지 오래다. 그것은 일본열도 개조론 및 고도경제성장이 대두된 시기부터 시작되었다. 중앙부처가 중심이 되어 한결같이 틀에 박힌 양식으로 거리를 만든 결과, 에도, 메이지, 다이쇼, 쇼와 시대 동안 축적되어 온 지방독자의 문화와 풍경이 소실되어 갔다. 거리의 주인, 환경, 문화의 다양성이 저하된 것이다. 지금 그것을 반성하고 개성있는 거리를 만들려는 노력이 각 지자체에 강하게 요구되고 있다.

　그러나 각지의 거리 만들기의 테마를 보면 '물과 푸르름', '활발함', '문화 및 교류'라는 단어가 범람하고 있다. 그곳에는 목표로 하는 '거리 그 자체의 개성'은 찾아볼 수 없다. 주민에게 살기 편안하고 자부심을 가질 수 있는 거리를 위해서, 시대를 계승하면서 축적되어 온 생활환경을 기반으로 한 표현이 필요하다. 그러한 생활환경을 나타내기 위한 도구가 이 책에서 제안하는 '거리의 매력이 되는 요소의 패턴'이다. 다양한 패턴이 모여 거리 그 자체를 개성 있게 만드는 원동력이 된다.

　거리를 개성 있게 하기 위해서는 그것만으로는 충분하지 않다. 자신이 살고 있는 환경을 주체적으로 결정하고자 하는 주민의 자각이 필요하다. 즉, 주민의 자립에 의해서 독자적인 환경을 창출할 수 있다. 거리만들기는 본래 그 거리 독자적인 것이다. 이것이 '마을만들기의 개성'이다.

미국에서는 지속 가능한 도시의 존재 방식으로 '지속 가능한 커뮤니티'가 주목받고 있다. 그것은 '신 도시주의'라 불리는 운동에 기초해 있다. 오래도록 지속할 수 있는 커뮤니티의 사고방식을 소개한 가와무라 겐이치川村健一는 그것의 가장 중요한 요소로 아이덴티티를 주장한다13). 아이덴티티라는 것은 커뮤니티의 개성이고 그 개성을 주민이 어떻게 받아들이고 있는가 또한 아이덴티티라고 말할 수 있다고 한다.

그것은 앞에서 제기한 개성있는 거리의 두 가지 요소와 같은 것을 표현하고 있다. 아이덴티티가 있는 거리는 '거리 자체의 개성'과 '마을만들기의 개성'에 의해서 창조되는 것이다.

2. 개성은 다양한 환경의 계승으로부터 온다

지금부터 패턴과 거리 개성과의 연관성 및 개성을 파악하는 방법을 고찰한다.

개성의 의미에 대하여 조사해 보면, 사전에는 '각 사물이나 개체가 가진 특유의 특징적인 성격'이라고 설명되어 있다. 특징에 관해서는 '다른 것과는 상이해서 특별히 눈에 띄는 표시나 특색'이라고 되어 있다. 따라서, 거리의 개성을 해독하는 방법을 검토함에 있어서, 우리는 각각의 물체가 가진 '눈에 띄는 표시'나 '특색'을 앞 장에서 서술한 '거리의 매력이 되는 요소의 패턴'에 대응시킨 결과, 다양한 패턴을 가진 것은 거리를 더욱 개성있게 한다고 이해했다. 즉, 거리의 개성이라는 것을 거

신 도시주의(New Urbanism)13)
1980년경부터 도시가 무질서하게 퍼져나가는 상태를 방지하여 도시에 인간성을 회복하고자 미국에서 시작한 도시, 커뮤니티 만들기 운동이다. 구체적인 것은 1991년에 피터 카소프, 마이클 코헨 등 6명의 건축가가 제창한 아와니 원칙에 기초한다. 그 원칙은 자동차 의존을 줄이고 생태계를 배려한다는 것이다. 또한 무엇보다도 자신이 살고 있는 커뮤니티에 아이덴티티(자기동일성)를 부여하는 것을 중요시한다.

리의 매력 패턴의 다양화라는 시점에서 접근하려는 것이다.

거리의 개성을 분석하는 방법으로, 미국의 도시학자인 케빈 린치Kevin Lynch는 저서 『도시의 이미지』[31]에서 5개의 형태요소로 구성되는 그림을 이용하는 방법을 제안했다. 그 수법은 세계 여러 도시들이 문화적 차이를 넘어서서 표현할 수 있다는 점에서 획기적이었다. 그러나 도시형태의 배후에 존재하는 특유의 특성을 해독하는 것에는 한계가 있었다. 이 점에서 건축가 마키 후미히코는 '보는 대상으로서의 형태라는 것이 동시에 도시사회의 문화적 컨텍스트 안에서 무엇을 의미하고 있는가라는 점에서 지각되지 않는다면 진정한 이해에 도달했다라고 말할 수 없다'고 지적한다[22].

반면, 여기에서 제안된 패턴을 이용하는 방식은 가로, 광장, 상점가, 역사적 건축물 등의 거리 형태요소에 대하여, 그것의 질을 나타내는 수식어를 덧붙여서 의미와 연관시키는 특징이 있다. 즉, 수식어를 활용하여 주민과 환경이 시간의 경과와 더불어 주고 받아 축적된 '생활의 질'을 표현하는 것이다.

이와 같이 환경의 계승에 관한 정보로 패턴을 파악하는 것은 생물학 분야의 유전자를 유추한 것이다. 다하라 나오키田原直樹는 '유전자의 다양성'을 유추하여 도시의 개성을 다음과 같이 고찰하고 있다[33].

도시의 이미지

케빈 린치는 도시의 이미지의 공통항으로 '공공의 이미지(public image)', 즉 '도시주민의 대다수가 공통으로 품고 있는 심상'을 만드는 요소를 추출했다. 그것은 통로, 가장자리, 결절점, 지구(地區), 랜드마크다. 그것들을 결합하는 것으로서 도시의 이미지 구조를 표현했다.

유전자의 다양성[32]

지구 환경문제에 있어서 생물다양성과 관련된 개념의 하나다. 유전자, 종, 생태계의 다양성, 생태계에 일어나는 프로세스의 다양성 등을 의미한다. 지구에는 특유의 문화가 존재하는데, 독특한 문양 및 디자인, 토착신앙 등 다수의 요소가 생물다양성의 존재에 의존하고 있다.

도시의 아이덴티티

도시의 지속가능성에 있어서 중요한 요소는 커뮤니티다. 커뮤니티의 사회적 일체성에 있어서 아이덴티티는 가장 중요한 요소일 것이다.

또한 지리학자 에드워드 엘프는 거리의 아이덴티티를 '외향적 아이덴티티'와 '내향적 아이덴티티'로 구분한다1). 외향적 아이덴티티는 도시 및 거리가 외부 사람에게 보여주는 아이덴티티다. 다이칸야마의 힐사이드 테라스와 같은 아름다운 거리풍경은 랜드마크와 유명한 건축 등으로 만들어진 부분이 많다. 반면, 내향적 아이덴티티는, 예를 들면 왼쪽 사진의 열린 공간처럼, 그곳에 사는 사람이 일상적으로 관여하고 있는 것을 의미한다. 따라서 그것을 '생활의 아이덴티티'라고 말할 수 있다.

생활의 아이덴티티는 사람들의 가치관이나 생활방식을 반영한다. 그렇기 때문에 그러한 아이덴티티는 사람 각자에 따라 다양하게 된다.

그러나 생활의 아이덴티티 중에서도 커뮤니티의 가치를 공유하는 것이 존재한다. 그것은 역사, 지역의 건축적 특색, 지역의 문화 등과 같이 주민과 환경이 시간을 가지고 반응한 생활의 축적인 것이다. 역사적 건축, 지방의 전통문화의 보전은 그러한 점에서 의미가 있다. 해당 커뮤니티의 자부심이 되는 아이덴티티인 것이다.

역사적 환경이라는 것은 현재의 도시환경 중에 계승되어 남겨지는 것을 지칭한다. 아이덴티티가 존재하는 마을만들기를 위하여 현재부터 미래를 전망하는 전략이 필요하다.

생활의 아이덴티티가 되는 요소 '애완견과 놀 수 있는 열린 공간' (다이칸야마)

문화적 유전자(Meme)

미므는 정보 및 문화가 발생되어 모방에 의해서 전달되고 확대되어 가는 일련의 모습을 유전자의 적응진화에 따라서 설명한 개념이다. 옥스포드 대학의 생물학자 리처드 도킨스(Clinton Richard Dawkins)가 자신의 저작 『이기적 유전자』에서 제창한 개념. 그리스어 mimeme(모방하다)와 영어 memory(기억하다)를 합성시킨 조어다.(역자 주)

다양성 지표

종류가 다른 요소가 다양한 비율로 혼합된 다양성(불균일성)은 종류와 균등도의 두 측면을 반영시킨 지표로 표현된다. 혼합물이 여러 종류의 물질로 구성되어 각각의 종이 균등히 존재해 있을수록 다양성은 높아진다.

생물은 환경에 관한 정보를 유전자를 이용하여 전달하기 때문에, 유전자의 차이는 환경의 차이에 의해 만들어진 생물의 기록이고, 개성이라고 말해도 좋은 것이다. 개성을 파악함으로써 전체성이 분명해진다. 인간은 다른 동물과는 다르게 유전자뿐만 아니라 문화적 유전자를 이용해서도 환경정보를 전달하지만, 환경과의 관계에 있어서 커다란 차이는 없다. 환경적 개성의 계승은 다양성의 계승이기도 하고, 그러한 것에 의해서 도시문화라는 전체성이 계승되는 것이다.

위의 고찰에서 본 유전자를 우리가 제안한 패턴에 서로 어울리게 해석하는 것이 자연스럽다고 본다.

거리와 주민과의 관계에 의해 계승되어 온 다양한 자연환경, 문화환경, 역사환경, 사회환경이 거리 자체의 개성이 되는 것은 분명한 것이다. 더욱이 다양한 가치 및 의미를 가진 패턴의 존재 그 자체가 거리에서의 다양한 활동, 관계, 인식 등과 같은 사람의 관계를 끄집어내는 잠재성이 되어 '마을만들기의 개성'을 발현시키는 것이라고 생각한다.

3. 개성을 정량화한다

거리의 개성을 다양한 매력 패턴으로 나누어 분석한다. 개성의 구조가 정량화되면 자신에 관한 전체적 특성이나 다른 것과의 차이점에 관해서 평가할 수 있게 된다.

다양성의 분석에는 생물학 분야에 있어서 생물군집의 다양성을 표현하는 지표를 이용한다. 그것 중에서 가장 잘 알려진 것으로서 다음과 같은 샤논 지수 H′가 있다.

$$H = - \sum pi \cdot \log_2 pi$$

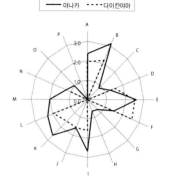

pi는 집단에 있어서 각각의 종의 상대적 중요도, 즉 생물량 biomass, 상대빈도, 우점도優占度다.

여기서는 그림 4(102쪽)와 같이 패턴 명사의 카테고리 구조에 관해서 다양성을 분석하여, 거리의 개성을 평가한다. 각각의 카테고리에 있어서 각 패턴 명사의 상대빈도 pi로부터 샤논 지수치를 산정한다.

야나카, 다이칸야마 각각에 관해 거리의 매력 패턴을 분석한 결과를 그림 17의 그래프와 같이 표현했다.

패턴의 다양성 분석을 보면, 야나카는 카테고리가 다양하다는 점에서 개성적인 것으로 나타나 있다. 그림 6~10에 표현한 것처럼 일상적인 생활문화 자원의 축적이 개성의 요소가 된다. 그러한 것들 중에도 역사적 건조물, 건물주변, 녹지, 도로 등은 다른 거리에 없는 것들로 독자적 문화요소다.

에도부터 다이쇼기에 걸쳐 목조주택, 절 등이 엮어내는 거리 경관의 미적 요소인 기와지붕, 담장, 돌기둥 등으로 이루어진 건물주변부, 경사면의 푸르름, 절의 푸르름, 골목을 따라서 형성된 푸르름 등은 자신만의 경관을 형성하고 있다. 또한 공공 영역인 골목에 형성된 서민적인 정원, 노점, 어린이 놀이터, 노인의 휴식장소는 사람들에게 상호교류의 기회를 제공하고 있다. 그러한 것들은 야나카의 많은 사람들이 공유하여 커뮤니티를 유지하는 기본적인 가치관, 생활방식이 되고 있다.

야나카는 앞에서 소개한 피터 카소프 등이 제창한 신 도시주의에 알맞는 지속 가능한 커뮤니티 그 자체인 것이다.

지속 가능한 커뮤니티에 있어서 가장 중요한 요소는 자신들

A 노천 카페
B 녹지
C 생물
D 거리경관, 랜드마크
E 길
F 점포
G 생활시설(점포 제외)
H 문화시설
I 역사적 건조물
J 주택
K 건물주변
L 도심 구조물
M 정보원
N 영역(장소)
O 사람
P 서비스

그림 17. 야나카, 다이칸야마에 있어서 패턴의 다양성(거리의 개성)

이 살고 있는 커뮤니티에 강한 아이덴티티를 가지는 것이다. 그러한 커뮤니티의 실현에 공헌한 잡지가 「야네센」이다. 잡지 사 대표인 모리 마유미는 이것에 관해서 '아무것도 없는 거친 향기가 나는 변두리 마을의 주민이 지니고 있던 자기 이미지 가 소멸되어, 문인이 사랑하는 마을, 고요한 사찰의 마을, 에도 의 정서가 남아있는 인정 많은 서민마을이라는 긍정적 이미지 가 강해진 결과, 토지를 향한 자긍심이 싹트기 시작했다'고 서 술하였다.[18]

반면, 다이칸야마에서는 그림 17에서 볼 수 있듯이 '점포', '길'이 개성의 중심요소가 되어 있다. 그림 12, 13에 표현된 것 처럼 힐사이드 테라스를 대표하는 세련된 건축, 가게, 레스토 랑, 그리고 점포에 연접한 주택지 등이 다이칸야마의 개성을 형성하고 있다. 더욱이 그림 14와 같이 푸르름, 역사적 유적, 건 축, 카페 등의 현대적인 시설이 흩어져 있는 골목은 다양한 표 정을 보여주고, 생활공간으로서 또 하나의 개성이 되고 있다. 그곳에는 '멋스러운 다이칸야마'로 대중매체를 통해 소개된 모습과 옛날부터 존재한 저택 및 현대적인 저층 집합주택, 의 류업계 및 디자인업계의 사무실, 소호에서 일하는 사람들, 애 완견과 산책하는 주부나 외국인 등과 같은 다양한 생활풍경이 공존하고 있다. 상업권과 주택가가 절묘하게 균형을 이루고 있는 것은 하라주쿠 등과는 다른 '다이칸야마의 개성'이라고 본다.

그러나 다이칸야마 어드레스의 준공 후부터 상업권이 확장 되기 시작하면서 방문객이 증가하여 생활공간인 주택가와의 균형이 깨지고 있다. 야나카가 1980년대 버블기에 거리 개성의 중심요소를 보전했던 것처럼 다이칸야마 또한 자신만의 개성

소호(SOHO;Small Office/ Home Office)
좁은 공간의 사무실로 이용되는 주 택, 또는 그러한 작업장에서 일하는 사람, 그러한 사무 스타일을 의미한 다. 도심부의 재생 및 한 공간에서 주 거와 업무를 가능하게 하는 시설로 주목받았다. 각지에서 실험되고 있 다.

도시의 프롬나드

을 유지하면서 재구축해가는 것이 과제다.

　지금까지 야나카 및 다이칸야마의 사례를 서술한 것처럼 거리개성의 중심요소는 그 거리에 살고 있는 사람들의 아이덴티티가 되는 요소인 것이다. 저자들이 거리의 매력 패턴을 다양하게 분석해서 그러한 요소들을 정량적으로 고찰할 수 있었다.

4. 개성의 내용을 중시한다

　거리의 개성은 질적 평가가 필요한 분석대상이다. 패턴 명사의 다양성을 분석한 것은 패턴으로 모았던 수식어로 의미를 부여한 다양한 정보를 추상화하여 1차원 척도로 표현하고 있다. 다양성 지표를 이용하여 거리의 개성을 분석할 때에는 이것에 대한 배려가 필요해진다. 예를 들면, 야나카와 다이칸야마에서 다양성 지표치그림 17가 거의 같게 나타난 '길'에 관해서 그 패턴의 내용을 표 1에 표현한다. 이 표는 두 지역에 공통되는 5개의 패턴 명사에 대해서 거리 매력의 질을 의미하는 수식어를 비교하고 있다. 두 지역 모두 길의 패턴 명사는 7종류그림 4이므로 각각 70%의 패턴 명사를 공유한다. 그러나 수식어를 비교하면 커다란 차이가 보인다.

　ID, HS, CM의 분류를 비교하면, 야나카에서는 주민의 커뮤니케이션과 관련된 것들이 열거되지만, 다이칸야마에서는 보이지 않는다. 이것은 야나카에서는 전통적인 커뮤니케이션의 장소가 아직도 존재하고 있는 것을 보여주는 것이다.

　양쪽의 거리 모두 지형에 기복이 있어서 계단이나 언덕이 많고 골목이 있는 것이 특징이다. 야나카에서는 '석양계단', '후지 전망언덕'과 같은 계단과 경사지에서 볼 수 있는 상점가나 후지 산의 풍경이 매력인 것을 패턴의 수식어를 보면 알 수 있다. 그런 수많은 것들에는 앞에서 서술했던 것처럼, 겐겐 사카사찰명, 오큐 사카무사의 집 이름 등 에도 시대에 붙여진 명칭이 도시의 기억으로 주목받는다. 또한, 골목에는 푸르름, 흙, 고양이 등, 사람에게 편안함을 주는 휴먼스케일의 패턴이 열거되고 있다. 반면, 다이칸야마에서는 정돈된 주 도로와 조용한 주택가에 산재한 언덕길이나 석재로 포장된 골목이 다양한 표정을 자아내고 있다. 그러한 것들은 '매력적인 상점이 늘어선', '푸르름이 있는', '역사를 느끼는', '변화즐겁다'와 같은 패턴의 수식어에서 볼 수 있다.

해당 지역의 특정 경관이나 환경에서 볼 수 있는 것의 배후에는 독자적 문화형성에 영향을 주는 자연환경과 인간 관계인 사회환경의 시간적, 공간적인 존재가 있다.

자신의 거리에 대해서 전체적인 특징을 파악하기 위해서는 다양성 지수분석을 이용한다. 더욱이 개성있는 거리를 목표로 하기 위해서는 개성을 형성하는 요소가 보여주는 패턴, 그 자체에 대하여 역사적, 도시적, 공간적인 맥락을 이해하고 파악하는 것이 중요하다. 또한, 한 가지 요소를 가지고 거리의 개성을 탄생시키는 것을 판별하는 것은 매우 어렵다. 꼼꼼히 작은 개성적인 구성요소를 수집하여, 그것들을 종합해가는 것이 보편적인 자세라고 생각된다.

표 1. 야나카와 다이칸야마의 공통명사 중에 '길의 패턴' 차이

수식어

명사(공통)	야나카			다이칸야마	
	ID(아이덴티티)	HS(휴먼스케일)	CM(커뮤니케이션)	ID	HS
석재포장	**맛을 가진** **연마된** **고급스러운** **풍부함을 나타낸** **역사를 만드는** **거리의 근간이 되는** **거리의 얼굴인**			**맛을 가진** **연마된** **고급스러운** **풍부함을 나타낸** **역사를 만드는** **거리의 근간이 되는** **거리의 얼굴인**	
계단	전망 좋은 후지 산이 보이는 경관의 변화가 있는 거리를 전망할 수 있는	놀이터가 되는			자동차를 배제시키는 가느다란 변화 있는 리듬감 있는
경사로	전망 좋은 후지 산이 보이는 경관의 변화가 있는	역사적인 자동차가 들어오지 않는		푸르름이 많은	조용하고 낮은 택지의 분위기가 있는 푸르름이 많은
길	구부러진 길이 있는	산책하기 쉬운	자동차가 출입할 수 없는 안전한 유치원생이 산책 가능한	역사를 느끼는	
골목		적당하게 좁은 산책하기 즐거운 고양이가 있는 지장보살이 있는 **푸르른** 자동차가 출입할 수 없는 흙 그 자체로인 연속된 포장석이 있는	우물가의 이야기장소가 되는 자연스러운 커뮤니케이션의 장소가 되는	매력적인 상점이 늘어선 석재 포장된	매력적인 상점이 늘어선 **푸르른** 석재 포장된

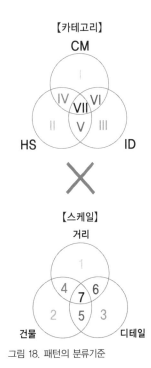

그림 18. 패턴의 분류기준

5. 개성의 복합성을 파악한다

개성적인 거리에는 사람이 모여들어 번영한다. 그러한 공간에는 생활방식이나 가치관이 다른 사람들을 접촉하게 하는 복합적인 가치, 의미가 존재한다. 그러한 복합성이 다양하면 할수록 새로운 가치 또한 탄생하여 많은 사람들이 모여든다.

예를 들면, 야나카 긴자 상점가는 통로면서 판매공간이고 또한 정보도 교환하는 여러가지 생활공간이 되고 있다. 이러한 복합성이 다양한 사람과 사람 간의 관계를 발생시키는 요인이 된다.

거리의 개성이 되는 패턴 요소의 복합성에 대해서, 야나카와 다이칸야마에서 얻어진 것을 대상으로 검토한 사례를 표 2에 나타낸다[6]. 이 표는 그림 18에 표현된 구조로 되어 있고 가로는 요소의 질, 즉 수식어가 가진 가치나 의미의 중복성, 세로는 관계하는 공간 스케일의 중층성을 나타낸다.

요소의 질은 ID · HS · CM에서 특정 카테고리의 패턴으로 성립하는 요소 I ~ III에서부터, 복수의 카테고리의 패턴을 포함하는 요소 IV ~ VI, VII까지, 다양하게 나열하였다. 이것은 생활하는 데 있어서, 공간과 장소가 다양하고 중복적 가치를 지니는 것을 나타내는데, 예를 들면 편안한 장소가 동시에 거리의 자부심도 되는 것과 같은 것이다. 스케일에 관해서도 예를 들면, 역사적 건축물거리, 건물, 디테일과 같은 수많은 스케일에 있어서의 패턴이 집합하는 요소에서부터 오브제특정 스케일에서만의 패턴이 추출되는 요소까지, 거리의 골격 · 구조에 있어서 매력요소가 중층적으로 나타났다.

또한, 푸르름의 요소가 모든 질의 카테고리에 나타났고, 또

표 2. 야나카·다이칸야마의 패턴에서 추출된 요소

주: 괄호 안은 각 요소에 있어서 추출된 패턴의 수
굵은 문자는 푸르름에 관계된 거리의 요소

← 카테고리(중복성) →

↕ 스케일(중층성)

	I (6)	II (31)	III (45)	IV (2)	V (82)	VI (40)	VII (106)
1		야생개/야생고양이(7)전신주(1)간선도로(1)육교(1)차도와 보도의 단차(1)	강(2)**방어용 산림**(5)지붕기와(2)굴뚝(2)**경사면의 푸르름**(2)고층건물(3)극단/씨름단 숙소(1)		광장(5)보도(7)골목/뒷길(21)주차장/자전거 보관장(2)		상점가(16)길(15)
2	중정(2)지역사람이 모이는 장소(1)공중목욕탕(3)		옷가게(4)시장(1)		미술관/박물관(4)아파트/맨션/점포 겸용 주택(5)	커뮤니티 센터(6)	
3	**정원의 푸르름**(3)**도로 옆 푸르름(야생초)/가로수/거리의 푸르름**(7)		산 울타리(3)돌담(8)오브제/공공의 아케이드(1)상점가의 마켓(1)일주문/게이트(1)소리(1)				
4		도로 옆 건물/버스정류소/파출소/복권판매소/포장마차/거리상점			카페/레스토랑(13)		상점/소점포(23)
5			직장(4)	벤치(2)			
6		손잡이(2)차량 통행금지 표지/가드레일(2)	**신앙목/가도의 보존/수목/고목**(5)		**옥상 및 지붕의 푸르름/발코니 및 테라스의 푸르름/외벽의 푸르름**(10)계단 및 경사로(5)	애완견(4)진열장(2)	벽/울타리/발코니/여닫이문/파사드/창가의 세탁물/길에 면한 계단/여닫이 현관/지붕(14)**집앞의 푸르름/골목의 푸르름/도로 옆 정원**(22)간판/메시지 전달판/지도/비상벨
7						절/목욕탕/일본식 주택/전통주택/서양주택/종교시설의 창고/지장보살/관음상/도로표식 및 돌쌓기/흙담(11)	

한 골목이나 발코니의 푸르름과 같은 '키우는 푸르름'에 가치 및 공간복합성이 높은 것을 주목할 수 있다. 푸르름이라는 어휘를 거리의 매력 요인으로 볼 수 있을 것이다.

풍부한 환경을 계획, 디자인하기 위해서, 개개인이 사회 및 거리에서 자신의 위치를 부여할 수 있도록 하는 재료를 제공하는 것이 필요하다[36]. 이때 거리에 존재하는 패턴의 가치 · 공간적 복합성을 파악해두는 것은 다양한 활동, 관계, 인식 등, 사람의 관계를 끄집어내는 잠재성을 디자인하는 데 있어서 유효한 것이 된다.

3-4 마을만들기의 이미지를 공유한다

주민이 참가하는 마을만들기는 거리에 대한 주민의 공통인식을 키워가며 마을만들기 이미지를 공유하고, 주민들 스스로 목표를 통합하는 것을 핵심으로 한다[37].

이 과정에서 주민 스스로 지역을 이해하도록 하는 수법이 필요하다. 우리가 제안한 '패턴 카드법'은 종래의 거리걷기 조사방법에 비하여 지역자원에 대한 질의 표현, 주민 간의 커뮤니케이션과 공유화에 효과를 발휘하는 수법이다.

이 수법을 통해 얻은 '패턴 카드'는 거리에 존재하는 자연, 역사, 공간, 커뮤니티 환경을 기반으로 하는데, 거주의 시점을 중시하며 '생활의 질(QOL)'을 높이기 위해서 유지, 육성, 창조해야 할 매력의 질을 이미지 사진과 언어패턴로 표현한 것이다. 이 패턴을 거리에서 계승되어야 할 환경으로 파악하고 생태학 분야인 유전자의 다양성을 유추, 응용함으로써, 거리의 개성을 분석하는 것 또한 가능하다. 패턴이라는 구체적인 이미지를 기본으로 마을만들기의 미래상에 관한 워크숍과 의견교환을 반복함으로써, 서서히 마을만들기의 공유이미지가 명확해지고 주민 간의 합의가 형성되어 간다. 이러한 과정을 통해 패턴 카드는 마을만들기의 계획과 설계요소, 디자인 코드마을만들기 교본, 마을만들기 데이터베이스거리의 기억의 축적로 발전하는 것이다.

최근에 일본에서도 마을만들기가 일반적인 활동이 되고 있는데, 자신이 살고 있는 거리에 대한 인식을 높이기 위하여 시민단체 및 NPO에 의해 개최되는 '거리걷기 워크숍'이 왕성하게 실시되고 있다. 워크숍에서는 매력을 조사하고 매력을 공유하는 활동이 행해지고 있다.

더욱이 그림 19에서 나타낸 가나가와 현 마나즈루마치眞鶴町의 예와 같이, 패턴과 유사 키워드를 이용하여 '美의 기준'이라는 디자인 코드를 만들어낸 사례도 있다4),5). 지역 고유의 디자인 코드를 해독하기 위해서 주민 간에 공유하고 있는 특유의 공간표현의 방법단어, 구전, 양식을 수집하는 것이 필요하다. 따라서 주민이 표현하는 패턴 단어가 효과적인 것이다.

서양에서는 거리의 경관을 바꾸는 데 있어서 도시 전체의 의견통합이 없으면 진행되지 않는다고 한다. 1970년대 파리 시내에서는 전통경관의 파괴와 길을 중심으로 시민생활의 상실에 대한 논쟁을 거쳐 초고층빌딩의 건설이 금지되었다. 한편, 일본에서는 도쿄을 비롯하여 지방에서도 마케팅을 중시한 거리로 변모하고 있다. 도쿄는 과거 30년을 거쳐 지금의 통일감 없는 스카이라인을 형성했다. 그러나 그동안 경관과 생활환경의 질적 변화에 관하여 광범위하게 논의된 적이 없었다. 모리타하시森田橋는 그 원인을 일상에서 경험하는 시간과 공간 감각의 차이에 의한 것이라고 추측하고 있다38).

도시공간에 대한 이러한 빈약한 인식을 보완하는 방법으로서 제4장에서는 지리정보시스템GIS을 이용하는 것을 고려하였다. 패턴 카드의 데이터베이스와 GIS를 통합하는 방법이다. 그렇게 함으로써 패턴이라는 좁은 시각인 '곤충의 눈'과 GIS라는 넓은 시각인 '새의 눈'에 의한 동시 분석이 가능해진다. 더욱이, 과거, 현재, 미래라는 시계열적 정보를 더함으로써 문맥

도시의 프롬나드

에 기초한 마을만들기를 논할 수 있는 것이다.

 '마을만들기의 힘을 키우기 위해서는, 지역의 환경을 지금까지 계승해 온 시간과 공간 속에서 발전적으로 파악하고 주민들 간의 커뮤니케이션을 거쳐 미래 이미지를 공유화해 가는 것이 필요하다'고 저자들은 생각하고 있다. 여기에서 제안한 수법이 다양한 사람이 사는 거리의 창조, 걷고 싶은 마을만들기에 공헌할 것이라 기대한다.

키워드	전제조건
○ 조용한 뒷문	마나즈루마치의 이미지를 한층 멋지게 하는 것의 하나로, 정숙한 장소 '조용한 뒷문'이 있다. 좁은 뒷길로 연결된 산쪽으로 난 뒷문은 매우 조용하게 사람을 환영해 준다. 또한 사면의 기복에 따르기도 하고, 지나쳐버리는 뒷문은 미묘한 풍경과 빛을 연출한다. 떠들썩하고 번화해도 그곳에서 일하는 사람들에게는 자연에 둘러싸여 조용하게 산책할 장소가 있다는 것은 매력적이다.

과 제	해 결 법
번화함을 연출한 건물 뒤로 소음을 피할 수 있는 '조용한 뒷문'을 준비할 것. 기존의 작은 뒷길을 소중히 여길 것. '조용한 뒷문'은 아름다운 빛이 쏟아지고 소음을 피하도록 할 것. 조망, 풍경, 자연의 생태계 등을 보존하여 그것들이 활성화되도록 연출할 것.	– 조용한 뒷문의 네트워크 형성 – 조용한 뒷문의 사진집 출판

●조용한 뒷문 구부러진 좁은 길은 태양 빛이 쏟아지고 매우 조용하다.

●조용한 뒷문 숲 너머로 푸른 바다가 보인다.

●계획대지와 조용한 뒷문이 관계하는 부분

●소중한 것을 소중하게   ●상세하게

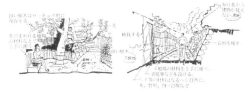

●조용한 뒷문의 생태계   ●아름다운 것에 민감하라

그림 19. 마나즈루마치의 디자인 코드 '美의 기준'

패턴을 CG로 형상화한다[39]

비오톱의 목적

지역의 생물을 보존하고 경관을 향상시킨다

어린이들과 함께 자연에서 놀거나 학습한다

목적달성의 요건

서식하고 있는 다양한 생물을 보존한다

생물과 접하면서 산책을 즐긴다

어린이가 생물을 관찰, 학습한다

요건을 충족시키는 공간

잠자리가 서식, 산란하는 수변과 습지

잡목림에 접하여 흐름

자연의 상태를 복원한 하천바닥 및 천변

연속된 수생식물대

물고기가 산란, 생식가능한 흐름

공간의 디테일 및 요소

물위로 올라온 바위(잠자리의 휴식장소)

잠자리가 산란할 수 있는 유연한 수변식물

잠자리 먹이가 되는 생물의 유도

물고기가 숨을 수 있는 장소

수생곤충을 위한 장소

유속이 변하는 장소

키워드와 화상에 의해 비오톱의 목표 환경상을 구조화(목표 환경상의 일부)

주민참가에 의해 지역환경 정비를 논의한 비오톱 계획에 관하여 서술한다. 용수로의 개·보수에 맞추어 수로를 따라 이어지는 100~300㎡의 대지 5곳에 다자연형 공간을 정비하는 계획이다. 정비 후, 주민이 유지·관리의 주체가 되기 때문에, 계획에 대하여 주민이 납득하고 합의할 필요가 있다. 그러나 사업자의 설명은 주민을 납득시키지 못하였다.

그래서 주민참가형 계획지원시스템을 이용하여 계획을 책정하고, 주민의 유지·관리에 대한 의식을 향상시키는 작업에 들어갔다. 이 시스템의 특징은 주민의 다양한 요구에 대하여 참가자가 목표한 환경상을 키워드와 화상으로 구축하여 그 형상을 컴퓨터 그래픽으로 모의실험하면서 완성하는 것이다. 그렇게 함으로써 스케치 및 도면, 모형에 의한 수법으로 어려웠던 계획 이미지가 즉석에

목표 환경상을 참가자의 의견에 기초해서 CG를 이용해 모의실험하면서 형상화한다.

서 편집되고 가상 체험된다.

주민참가에 의한 비오톱 계획의 책정은 다음의 세 단계를 거쳐 실시되었다.

단계 1에서는 설문조사를 가지고 주민이 바라는 환경을 구체적으로 알아보고 공유하도록 했다.

단계 2에서는 참가자가 이용 및 유지·관리를 상정하여 계획내용에 대하여 논의했다. 논의에서 얻어진 요소를 키워드로 하여 목표 환경상을 구조화했다.

단계 3에서는 CG를 사용하여 목표 공간상의 모의실험을 하고 완성된 모양을 가상으로 체험하면서, 이용, 유치생물, 유지·관리를 종합적으로 판단하고 계획을 완성시켰다.

논의의 중심사항은 정비 후의 유지·관리이고, 입장 차에 따라서 주민 간에 대립도 발생했다. 그러나 지역의 전통적인 공동작업 조직이 유지하고 관리하는 것으로 합의하였다. 최근에는 그러한 조직의 수가 적어지고 있는데, 이번의 계획이 전통을 존속시키는 역할을 하였다.

또한, 계획에 참가한 주민의 유지·관리 의식의 변화를 조사한 결과, 50% 이상이 유지·관리에 반드시 참가하겠다고 답하였다. 본 계획은 2005년에 시공되었다. 앞으로 주민의 유지·관리 상황에 대하여 조사할 예정이다.

참 고 문 헌

1) 鳴海邦碩、田畑修、榊原和彦編
『都市のデザイン手法──改訂版』学芸出版社、
1998

2) クリストファー・アレグザンダー他著、
平田翰那訳『パタン・ランゲージ──環境設計
の手引き』鹿島出版会、1984

3) 福島ちあき「パタン・ランゲージの実践と
理論の比較分析──盈進学園東野高等学校の
分析を通して」『大阪市立大学大学院都市系
専攻修士論文梗概集』2005

4) 真鶴町HP
http://www.town-manazuru.jp/

5) 五十嵐敬喜、野口和雄、池上修一著
『美の条例──いきづく町をつくる』
学芸出版社、1996

6) 横田樹広他「居住の魅力を形成する要素の
抽出手法の検討──パタン・ランゲージを
用いた「歩きたくなる生活環境」の評価」
『日本建築学会大会学術講演梗概集F-1』2003

7) 日本建築センター編集
「歩いて発見! まちの魅力──まちづくりの
ためのまち歩きノウハウ集」2002

8)「くわな」まちづくりブック編集委員会
蛤倶楽部編著「まちづくり極意──くわな流」
桑名市、2003

9) 竹内裕一、加賀美雅弘編
『身近な地域を調べる』古今書院、2002

10) 樋口忠彦著『日本の景観』筑摩書房、
1993

11) プリンス・オブ・ウェールズ著、出口保夫
訳『英国の未来像──建築に関する考察』
東京書籍、1991

12) ジェーン・ジェイコブス著、黒川紀章訳
『アメリカ大都市の死と生』鹿島出版会、1996

13) 川村健一、小門裕幸著
「サスティナブル・コミュニティ──持続可能な
都市のあり方を求めて」学芸出版、1995

14) 児玉幸太監修『安政の江戸が現代の東京
に甦る。『復元・江戸情報地図』』朝日新聞社、
1994

15) TEKU・TEKU編著
「魅力発見東京まち歩きノート」彰国社、1997

16) 全国地理教育研究会監修
『エリアガイド──地図で歩く東京Ⅰ・
東京区部東』古今書院、2002

17) 人文社編集部編集
『古地図ライブラリー別冊──切絵図・現代図
で歩く・江戸東京散歩』人文社、2004

18) 佐藤健二編『都市の読解力』勁草書房、
1996

19) まちなみとすまい研究会HP
http://sumai.judanren.or.jp/town/

20)『散歩の達人』1997年9月号、弘済出版社

21)『散歩の達人』2001年5月号、弘済出版社

22) 槙文彦他『見えがくれする都市』
鹿島出版会、1980

23) 都市環境デザイン会議・関西ブロック
「都市居住の環境デザイン」1996

24) 古代国分寺友の会HP
http://bird.zero.ad.jp/~zam77093/

25) 国会等の移転HP
http://www.mlit.go.jp/kokudokeikaku
/iten/

26) art-Link上野─谷中HP
http://artlink.jp/org/home.html

27) 岩橋謹次著『「代官山」ステキな街づくり
進行中』繊研新聞社、2002

28)『散歩の達人』1998年2月号、弘済出版社

29)『散歩の達人』2001年9月号、弘済出版社

30) 代官山ステキ総合研究所HP
http://www.daikanyama.ne.jp/dsi/

31) ケヴィン・リンチ著、丹下健三、富田玲子訳
『都市のイメージ』岩波書店、1968

32) 日高敏隆編
『地球研叢書 生物多様性はなぜ大切か?』
昭和堂、2005

33) (財) 大阪市都市建設技術協会 HP
http://www.osaka-machidukuri.com/

34) 佐藤正孝、新里達也共編
『野生生物保全技術』海游舎、2003

35) 鷲谷いづみ、矢原徹一著『保全生態学入
門 遺伝子から景観まで』文一総合出版、
1996

36) 船橋國男編著『建築計画読本』
大阪大学出版会、2004

37) 日本建築学会編
『まちづくり教科書1 まちづくりの方法』
丸善、2004

38) 森田喬「都市再創造の架け橋──
空間イメージを結ぶ地図情報」『土木学会誌』
2005年9月号

39) 那須守「地域生態学に基づく環境評価
および住民参加型計画の取組み」『土木学会誌』
2003年4月号

Chapter 04

거리의 매력을
면으로 다룬다

거리 매력의 확산과 관계를 파악한다

　　최근 도시에서는 거주방식과 거주에 대한 가치관이 다양하게 진행되고 있다. 이러한 상황에서 생활의 질QOL: Quality of Life이라는 관점으로 거리를 재고하면서 주민, NPO 및 행정, 기업 등, 다양한 주체가 연계해서 거리환경에 대한 모니터링 및 정보공유, 지역 마을만들기 활동 등을 전개할 필요성이 대두되고 있다. 이 책의 목표상인 도보중심형 '걷고 싶은 생활환경'을 실현하기 위해서는 거리의 현상을 평가하고 거리의 매력을 재발견하기 위해 구체적으로 평가하고 정보를 공유할 방법이 필요하다.

　　거리 매력의 형성요소가 되는 각각의 장소와 공간은 거리의 환경 및 생활을 통해서 형성된 자원이고 그러한 자원들은 거리를 채색하는 환경정보가 된다. 따라서 거주민들이 거리에서 그 거리의 매력요소를 확산하고 관계를 맺는 것은 거리를 즐기는 매력과 개성을 느끼는 계기가 된다.

　　특히, 매력적인 장소예를 들면, 역사 및 문화유산에 관한 정보를 명확히 하거나 알려지지 않은 매력을 발견하여 정보를 축적하는 것은 우리의 생활에 다양한 장점을 부여해 준다. 예를 들면, 편리성의 향상, 거리 안에서의 쾌적한 여가, 커뮤니티 및 주거환경의 재인식 등과 같은, 주민에게는 생활의 질이 향상될 수 있다. 또한 마을만들기에 관여하는 사람에게 각각의 마을만들기 자원을 폭넓게 파악하게 하고 거리 전체상에서 자원들이 차지하는 위치를 평가하게 하는 과정을 거침으로써, 거리의 구조가 명확하게 된다. 따라서, 주민과 계획자 모두 거리의 정보를 공유해야만, 향후 어떠한 환경을 어떻게 정비할 것인가와 같은 목표설정과 비전을 창조할 수 있다.

'걷고 싶은 생활환경'을 위해 거리의 매력을 파악하는 방법으로 제3장에서는 패턴 랭귀지라는 사고방법을 이용해서 거리의 매력요소를 추출하는 수법을 설명했다. 이것은 행정도시계획, 기업건설, 부동산, 건축가, 마을만들기 NPO 등, 마을만들기에 직접 또는 간접적으로 관계된 자계획자측들이 거리의 매력을 객관적으로 평가하는 유효한 수법이 된다. 반면, 주민의 입장이 반영된 평가를 행하기 위해서는, 주민이 거리를 걸을 때에 거리를 어떻게 활용하고 어떠한 장소를 매력 있게 인식하고 있

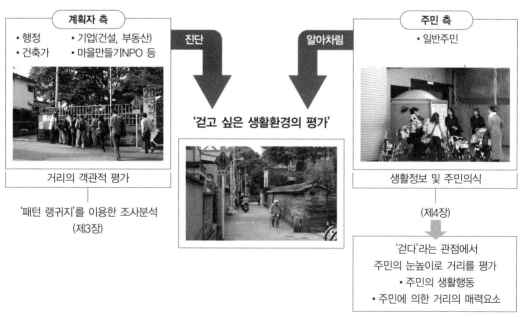

그림 1. 제4장에서 설명한 평가의 접근순서

는가를 파악하는 것이 중요하다.

이번 장에서는 특히 주민이 품고 있는 거리의 매력에 관한 기본적 정보로, '걷는다'라는 관점에서 주민의 생활행동을 파악하고, 주민의 거리 이용도 및 숨어있는 매력적인 장소에 관한 정보를 추출해내는 방법에 대해서 실제조사를 예로 들어 소개하기로 한다. 그리고 그러한 정보를 거리 전체의 측면에서 파악하고 구체적인 마을만들기를 위해 공유하는 방법에 관해서 고찰한다그림 1.

1. 거리를 안다

거리 매력의 재발견은 무엇보다도 '거리를 아는 것'에서 시작된다.

최근 인터넷과 같은 정보기술의 보급에 의해, 실제 마을만들기 현장에서 활용할 수 있는 정보가 다양하게 공개되어 다양한 방법으로 입수할 수 있게 되었다. 예를 들면, 인터넷 상에서 생활에 도움이 되는 막대한 양의 도시정보를 검색할 수 있는 것 외에 개인적 관심에서 거리의 정보를 투고함으로써 불특정 다수의 사람들과 공유하는 것 또한 쉬워지고 있다176~177쪽 칼럼 14 참조.

반면, 마을만들기 자원정보의 종류는 매우 다양하기 때문에 단순히 정보수집 자체를 목표로 하는 것이 아니라 수집의 목적 및 시점, 방법, 수집한 정보의 활용방법 등, 전체적인 목표 설정과 운영에 관한 계획이 중요해진다.

여기에서는 마을만들기 자원정보를 '걷고 싶은 생활환경'을 위한 정보라는 관점을 가지고 검토하는 것에서부터 시작한다. 그러한 정보는 주민의 보행이라는 관점에서 일상생활에 잠재되어 있는 거리 매력을 재발견할 수 있고 향후 즐겁게 걸으면서 생활할 수 있게 하는 비전을 제시할 수 있는 것이다.

걷고 싶은 동기가 되는 매력요소는 주민의 생활방식과 기호에 따라서 제각각이다. 그러한 매력요소의 정보는 주민이 거리를 이용하는 방식이나 거리를 평가하는 과정에서 나타난다. 즉, 거주민 개개인이 지니고 있는 다양한 가치를 정보화하고 공유하는 것에서부터 거리를 알아가는 것이 필요하다. 주민의 입장에서 생활에 관계된 정보를 직접 추출하고 거리의 개성과 특징을 전체적으로 평가하는 것이 요구된다.

2. 거리 매력의 관계와 확산

'걷고 싶은 생활환경'의 정비를 위해서는, 주민 자신이 살고 있는 거리에 대해서 걷고 싶은 동기는 구체적으로 무엇인가, 또한 현재의 거리는 어떠한 상황인가를 파악해야 한다.

예를 들면, 걷고 싶은 거리가 되는 동기부여로서,

- 일상생활에 있어서 진정으로 걷고 싶은 매력적 장소가 걸어서 갈 수 있는 거리距離권 안에 있을 것.
- 그러한 장소와 공간목적지까지 걸리는 거리를 쾌적하게 걸을 수 있을 것.
- 목적지 이외에도 산책하는 거리권 내에 매력적인 장소와 공간이 여러 개 존재하고, 그러한 것들을 서로 연결해주는 보행공간 또한 쾌적할 것.

등과 같이 열거할 수 있다.

이러한 환경조건들은 '걷고 싶은 생활환경'이라는 관점에서

거리를 보는 경우의 평가 축이 되고 언젠가는 넓게 퍼질 면적
面的 정보로 확장되어 파악할 수 있을 것이다.

　이러한 것들을 구체적으로 명확히 구성하기 위해서, 거주민
개개인에게 거리의 매력을 검토하는 기회를 제공하면서, 주민
이 품고 있는 거리를 평가한 정보를 직접 입수하기 위한 조사
가 필요하다. 거주민이 직접 거리를 평가함으로써 주민과 전
문가 및 행정의 협동, 그리고 보다 현실적이고 구체적인 과제
의 추출, 더 나아가 거리의 목표설정의 단서를 발견하는 것이
가능해진다.

　이 장에서는 이러한 면적인 거리의 조사수법으로 설문조사
와 GIS를 활용해시 헹해진 시례를 소개하고 그것의 유효성을
검토한다.

4-2 거주민에게 거리를 묻다

1. 일상생활 안에서 매력을 찾는다

주민의 생활행동과 주민의 거리평가를 정보화하기 위해서는 주민을 대상으로 직접 설문조사를 하는 것이 효과적이다.

여기에서는 주민에게 보행이라는 관점에서 거리를 공간적으로 평가하게 하고, 일상의 생활행동 및 그곳에서 느끼는 거리의 매력요소를 추출하는 것을 목적으로 하는 설문조사를 소개한다. 이렇게 조사한 매력적인 거리를 활용할 방법을 제안한다.

설문조사에서는 주로 다음과 같은 항목을 질문한다.

- 주민이 일상생활에서 어떠한 길을 이용하고 있는가
- 그 길에서 거리의 매력으로 어떤 요소의식적이든 무의식적이든 관계없이를 발견, 인식하고 있는가

이러한 과정을 통해 걷고 싶은 생활환경을 구성하는 거리의 매력요소가 될 수 있는 자원을 추출한다. 또한 주민이 일상생활에서 거리를 걸을 때에 선택하는 경로가 지역의 자원으로서 어떠한 관계에 있는가를 파악하고, 보행이라는 관점에서 거리의 현상을 평가함과 동시에, '걷고 싶은 생활환경'의 정비에 필요한 요건을 검토하는 것을 목적으로 한다.

설문조사는 광범위한 지역을 대상으로 간편하게 조사할 수 있고, 집계·분석하는 관점이나 방법을 근거로 정보를 수집한다는 장점이 있다.

2. 사례연구

① 설문조사의 실시

설문조사는 도쿄 도 메구로 구 나카메구로 지역을 대상으로 한다.

설문조사의 피실험자는 나카메구로 소재의 집합주택 거주민을 대상으로 했다. 단, 회답자는 거리의 상황을 파악하고 스스로 보행경로를 선택하고 있는 사람으로서 세대주 부부를 대상으로 했다.

조사는 우편발송으로 행했고 집합주택 215세대 전체를 대상으로 배포하였다. 회수된 수는 33세대, 회수율 15%다.

조사표에는 일상행동에 있어서 선택경로를 표시하도록 하기 위해서 피실험자가 살고 있는 사택을 중심으로 주변 범위를 대상으로 하고, 골목, 개별건물도 파악할 수 있는 A2 정도 크기인 1 : 2,000 지도를 별지에 동봉해서 배포했다.

여기에서 상정한 일상행동은 '산책', '평소 생활에 필요한 물건을 사는 행동', '통근'으로 했다.

조사의 내용은 다음과 같다178쪽 참고자료 – 설문조사표 참조.

1. 우선 일상생활의 산책, 물건구입, 통근이라는 각각의 기회에서 보행의 경로를 복수각각에 대해 3가지 경로까지 상정하도록 하고 목적지와 함께 지도에 화살표로 그리게 했다.

2. 다음으로 산책, 물건구입, 통근 각각의 경로 안에 있는 거

리의 매력이 되는 특징적, 인상적 장소 및 요소에 관해서, 지도 위에 기호와 위치를 표시하도록 했다. 여기에서 특징적, 인상적인 장소와 요소는 ID아이덴티티/HS휴먼스케일/CM커뮤니케이션/CONV생활의 편의성이라는 관점에서 추출하도록 하기 위해 ID/HS/CM/CONV에 해당하는 분야 4개를 설정하고 그것에 맞는 것을 추출하도록 했다.

A. 애착과 자부심이 되는 장소와 요소(ID에 해당)

B. 안심하고 즐겁게 걸을 수 있는 장소와 요소(HS에 해당)

C. 사람과 사람이 만나고 교류할 수 있는 장소와 요소(CM에 해당)

D. 편의성 높은 시설(CONV에 해당)

여기에서 '편의성이 높은 시설' 분야는 ID/ HS/CM과는 다르게 이용경로 및 특징적, 인상적 지점의 선택이유로 직접 표출되기 때문에 별도 첨부했다.

3. 얻어진 각각의 매력요소에 관해서 별표그림 2에 다음과 같은 정보를 기입하도록 했다.

• 대상은 무엇인가, 어떤 특징이 있는가?

• 위의 A~D 중에서 어떤 분야에 해당하는 요소인가?

• 산책 / 물건구입 / 통근 이외에 어떤 기회를 매력으로 느끼는 가?

4. 각 물음에 답한 산책, 물건구입, 통근의 각 선택경로에 관해서 별표에 아래의 정보를 기입하도록 했다.

• 그 경로를 이용하는 빈도

• 특징적, 인상적인 장소와 요소의 존재 이외에 그 경로를

자주 이용하는 이유자유기술

5. 또한, 산책, 물건구입, 통근을 위한 선택경로 이외에, 거리의 매력요소라고 생각되는 특징적, 인상적인 장소와 요소가 있다면, 별도위치를 지도에 기입하도록 하고, 그 대상, 특징, 분야를 별표에 기입하도록 했다.

【별표 2】

지점정보 기입표

지점NO. (지도에 기입)	(1) 그 장소는 무엇인가? (명칭 등)	(2) 어떤 장소인가? (특징)	(3) 분야 (A~D 중 해당하는 모든 것을 체크)	(4) 어떤 기회를 매력적으로 느끼는가? (해당하는 모든 것에 체크)	
1			A. 애착, 자부심 B. 안심 C. 만남, 교류 D. 편의성	산책 / 물건구입 / 통근	거리 전체
2			A. 애착, 자부심 B. 안심 C. 만남, 교류 D. 편의성	산책 / 물건구입 / 통근	거리 전체

그림 2. 거리의 특징적 · 인상적 지점과 대상의 지점정보 기입표

② GIS를 이용해서 생활정보를 지도로 만든다

주민에게 얻은 회답은 보행경로, 매력적 지점별로 GIS를 이용해서 축적한다GIS소프트웨어인 ESRI사의 ArcView를 사용함.

GIS는 위치정보를 기본으로 해서 다양한 테마와 속성의 지도정보를 레이어를 이용해서 개별적으로 관리함과 함께, 각각의 관계성과 전체적 경향을 중첩시킴으로써 통합적으로 분석할 수 있는 시스템이다. 이것을 이용해서 다수의 회답자에게 얻은 면적 정보를 개별적으로 파악할 수 있고, 중첩시켜 주민이 이용하는 경로와 매력적인 장소를 파악할 수 있다. 또한, 경로와 지점별로 정보검색이 가능하고, 경로의 선택이유와 매력

도시의 프롬나드

적인 지점의 특징 등에 관한 키워드로 검색할 수 있다.

여기서는 회답자별로 도보이용 경로와 매력적인 지점을 GIS 데이터로 만들었다. 경로별의 회답자, 이용기회산책/물건구입/통근, 이용빈도, 이유 등의 회답정보가 매력지점별로 접속하기 쉽도록 GIS상에 일원적으로 집계, 관리했다그림 3. 그러한 데이터들을 기본으로 해서 모든 회답자의 회답을 경로별, 지점별로 집계했다.

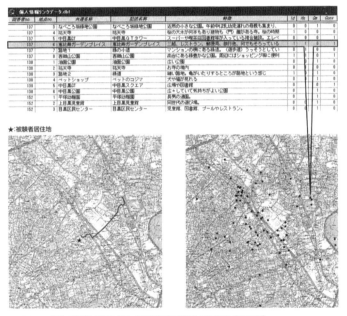

그림 3. GIS를 이용한 해답자별 선택경로(왼쪽)와 지점정보(오른쪽)

4-3 거주민에 의한 거리 평가

★ : 피실험자 거주지
최대거리 1.7Km권
주요목적지 • 공원, 강을 따라가는 가로
　　　　　　　 수 길
　　　　　　 • 거리경관(다이칸야마, 나카
　　　　　　　 메구로 길)
　　　　　　 • 좋아하는 가게

물건구입

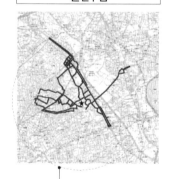

★ : 피실험자 거주지
최대거리 1.5Km권
주요목적지 • 슈퍼마켓
　　　　　　 • 복합 상업시설
　　　　　　 • 역 앞 상점

1. 보행권을 조사한다

　GIS를 이용한 설문조사 결과의 집계를 가지고 파악할 수 있는 여러 정보들 중 하나로 보행경로의 공간적 범위가 있다.

　모든 설문조사 회답자의 이용경로를 GIS에서 중첩시킨 결과, 산책, 물건구입, 통근이라는 생활행동별로 주민이 걸어서 생활하는 범위의 차이점이 있는 것으로 파악되었다그림 4.

　나카메구로 경우, 조사대상인 집합주택의 주민이 걸어서 외출할 때, 물건구입을 위한 보행권은 최대 약 1.5Km, 통근을 위한 보행권은 최대 약 1.2Km 정도지만, 산책을 위한 보행권은 최대 약 1.7Km 정도까지로 범위가 넓다. 산책할 때에는 길이 광범위하게 활용되는 것에 반해서, 통근할 때에는 가장 가까운 역 또는 걸어서 갈 수 있는 거리에 있는 역까지로 범위를 한정지어 선택하는 현상을 보인다. 산책의 경우는 공원, 가로수길, 가로경관, 좋아하는 가게 등과 같이 사방으로 목적지가 분산하는 한편, 물건구입, 통근의 경우는 걸어서 도달하기 힘들지 않는 거리에 있는 슈퍼마켓, 복합 상업시설, 역 등이 주목적지가 되고 있다.

　길을 선택하는 관점에서 보아도 산책의 경우는 다양한 길이 활용되는 것에 반하여, 통근의 경우에는 길을 한 역까지 가는 2가지 정도의 경로로 제한해서 선택하고 있다. 평소 물건을 구

158

입할 때는 통근과 마찬가지로 목적으로 하는 범위에 따라서 방향성이 결정되고, 그것에 대응해서 복수의 길을 선택하는 경향을 보였다. 반면, 산책, 물건구입, 통근에 공통적으로 이용되는 경로는 큰 길이나 역까지의 단일로 등의 한정된 경로뿐이었다.

최단거리와 같은 편리함을 우선시하는 경우, 또는 걷기 편함, 푸르름, 직사광선 차단과 같은 쾌적함을 우선시하는 경우 등, 보행 기회에 따라 길에 대한 요구가 달라지고 길에 대한 선택도 변한다. 보행 기회는 거주민의 생활주기에 따르고, 길에 대한 요구는 거주민의 가치판단에 따르는 경향이 크지만, 대표적 생활행동에 있어서 거주민의 이용경로나 그 이유를 파악함으로써, 거주민에 의한 보행권 이용도의 전체적 경향을 파악할 수 있다. 다양한 주민을 대상으로 이러한 조사를 실시하여 정보를 축적하는 것을 통해 보행권 안에서 각각의 길에 대한 차이를 파악하고, '걷고 싶은 생활환경'을 구체화하기 위한 단서와 과제를 추출할 수 있다.

통근

★ : 피실험자 거주지
최대거리 1.2Km권
주요목적지 •역

그림 4. 산책, 물건구입, 통근별 보행권과 주목적지(모든 회답자를 통합)

2. 어디에서 거리의 매력을 느끼는가

'걷고 싶은 생활환경'에 있어서 보행을 위한 길의 매력과 더불어 중요한 요소가 되는 것은 거리에 있어서 매력적 지점에 관한 정보다. 주민이 거리를 걸을 때 매력적으로 느끼는 지점에 관한 설문조사 결과를 이용경로와 마찬가지로 GIS로 작성한 지도상에서 파악한다.

사진 1. 메구로 강을 따라 이어지는 보도
천변의 벚꽃나무를 따라서 보도가 이어져 지역경관의 골격을 이룬다. 벚꽃이 활짝 피는 봄에는 꽃 구경객으로 활기가 넘친다.

사진 2. 나카메구로GT
역 앞의 랜드마크가 된 복합 상업시설. 사무실, 주택의 하층부에 슈퍼마켓, 카페, 도서관, 홀 등이 복합되어 있다.

사진 3. 유텐지
거리명의 유래가 된 사찰의 푸르름이 편안한 녹음을 제공하고 있다.

① 아이덴티티(ID): 애착과 자부심을 느낄 수 있는 장소와 요소

거리를 걸을 때 거리의 개성과 아이덴티티를 느끼는 지점에 관한 집계결과를 그림 5에 정리한다.

많은 사람들이 아이덴티티로 열거한 것은 다음과 같다. 나카메구로 지역경관의 골격이 되는 메구로 강을 따라서 이어지는 푸르른 길사진 1, 나카메구로GT사진 2와 에비스 가든 플레이스와 같이 랜드마크가 된 복합 상업시설, 사찰 유텐지祐天寺' 사진 3, 정원미술관, 자연교육원과 같은 역사, 문화시설 등이었다. 공공성이 높아서 외부인이 방문하는 명소와 같은 거점이라고 회답한 경우가 많았지만, 라면집, 꽃가게, 잡화점, 유명인의 자택 등과 같이 숨겨진 유명 상점과 장소가 될 수 있는 건물이나 활기있는 점포, 디자인이 뛰어난 매력적인 점포 등을 열거하는 주민도 있다. 또한, 고급주택가, 패션상점 등 특징적 지구를 개성이라고 열거한 회답이나, 골목, 꽃피는 민가와 같이 근처에 사는 주민만이 알고 있는 일상생활 속에서 애착을 가지고 이용되는 공간, 생활 속에서 주민이 조금씩 가꾸어 나아가는 공간 등을 높게 평가한 경우가 있었다.

아이덴티티ID에 대한 회답은 휴먼스케일HS, 커뮤니케이션CM, 편의성CONV의 각 요소에 대한 회답과 비교해서 가장 회답수가 많았는데, 거리 개성을 이루는 장소에 대한 의식이 강하다는 것을 알 수 있었다. 공간적으로는 역 앞 광장, 대로변, 메구로 천변에 대부분의 지점이 집중되어 있었다.

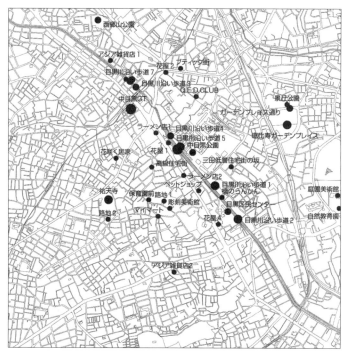

그림 5. 주민이 '애착과 자부심을 느낄 수 있는 장소와 요소'로 열거한 지점(●이 클수록 회답자가 많음)

사진 4. 꽃피는 민가
오래된 민가 앞에 핀 꽃들이 사람들의 시선을 이끈다.

② 휴먼스케일(HS): 안심하고 즐겁게 걸을 수 있는 장소와 요소

거리를 걸을 때, 휴먼스케일에 적합한 공간이 선사하는 안심과 즐거움을 느낄 수 있는 지점에 관한 집계결과를 그림 6에 정리한다. 경관의 골격이나 랜드마크가 되는 공간이 ID의 경우에 열거한 장소와 일치하는 한편, 공원, 골목, 비탈길 등이 많이 열거된 점이 특징이다. 특히 골목이나 사찰, '나카메구로 공원' 사진 5 등 공원은 자동차와 격리된 안전성이 중요하게 작용하는 것으로 보인다. 골목이 주택지에 분포하고, 쾌적한 골목으로 연결된 경로는 일상생활을 할 때 쉽게 이용되는 경로

사진 5. 나카메구로 공원
스포츠 광장 및 휴식의 광장, 채소밭과 비오톱이 있고, 시민이 공원을 관리하고 활동에도 참기하고 있다.

인 것을 고려할 수 있다.

반면, 골목이나 공원 이외에도, 치츠 케이크점^{사진 6} 및 애완동물점 등과 같이 산책이나 물건을 구입할 때 쉽게 들릴 수 있는 상점도 휴먼스케일의 요소로 열거되었다. 길 그 자체의 스케일감뿐만 아니라 보행행동 중에 일상적으로 쉽게 즐길 수 있는 공간 또한 휴먼스케일적인 거리의 구성요소가 될 수 있다고 본다.

또한, 골목은 산책 중에 분위기 및 스케일감에 있어서 매력이 되지만 통근 시에는 지름길로서의 가치를 가지고 있는 것처럼 휴먼스케일에 관한 요소의 평가방법은 걷는 목적 및 기회에 따라서 달라진다고 할 수 있다.

사진 6. 치즈 케이크점
맛으로 유명한 치츠 케이크점. 점포를 엿보는 것 또한 거리 매력을 탐험하는 즐거움 중 하나가 된다.

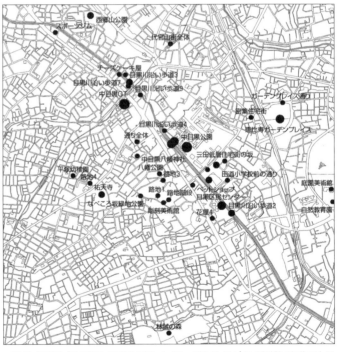

그림 6. 주민이 '안심하고 즐겁게 걸을 수 있는 장소와 요소'로 열거한 지점(●이 클수록 회답자가 많음)

도시의 프롬나드

③ 커뮤니케이션(CM): 만남과 교류의 장소와 요소

거리를 걸을 때, 커뮤니케이션을 느낄 수 있는 지점에 관한 집계결과를 그림 7에 정리한다. 가까운 공원사진 7 및 유치원, 보육원, 아동관 앞사진 8과 같은 어린이를 동반한 커뮤니케이션 공간, '메구로 구민센터'사진 9 등의 문화시설, 슈퍼마켓과 애완동물점, 음식점 및 상점 등이 주로 열거되었다. 이러한 요소들은 비슷한 생활공간에서 사는 사람들의 커뮤니케이션 장소가 될 수 있다. 특히, 어린이를 데리고 나온 엄마에게 공원이나 유치원은 중요한 커뮤니케이션 장소가 된다. 이러한 장소에서는 이용자에게 안도감을 선사하게 되는데, 이웃주민에 의한 자연스런 감시가 작용한 결과다.

개별의 매력요소는 주택지 내부 및 그 주변에 흩어져 있고 각각의 지역에서 쉽게 접근할 수 있는 근린 커뮤니케이션의 핵심역할을 담당하고 있다고 보여진다. 한편, '메구로 구민센터'나 '나카메구로 공원'과 같이 이웃주민 이외의 사람들도 이용하는 교류의 장소에서는 더 넓은 지역의 주민과 다양한 세대와 다양한 생활공간에서 사는 사람들이 모이고 각각에 대응된 커뮤니케이션 거점이 되고 있다.

이와 같이 만남과 교류의 장소와 요소는 다양하고 수없이 추출되는데, 활력있는 커뮤니티의 잠재력이 지역에 남아있는 증거의 하나라고 말할 수 있을 것이다. 커뮤니케이션의 관점에서 거리나 거리 안의 요소를 재평가하는 것 또한, 지역의 활력도를 평가하는 데 있어서 유익하다고 본다. 지역에 존재하는 커뮤니티의 유형, 주민 간의 커뮤니케이션 수단을 명확히 하는 것은 거리의 매력향상을 향한 커뮤니티 서비스 및 그것의 제공수단을 검토하는 데 있어서도 중요한 단서가 된다.

사진 7. 나베고로 비탈길공원
자원봉사자가 낙엽 등을 치우면서 자연스럽게 주변을 감시하게 되어 어린이들에게 안심하고 놀 수 있는 놀이터를 선사하고 있다.

사진 8. 아동관 앞
자녀를 데리고 나온 엄마에게 유사한 연령대의 이웃주민과의 커뮤니케이션 장소를 선사한다.

사진 9. 메구로 구민센터
자유롭게 앉아서 쉴 수 있는 공공공간은 다양한 세대의 커뮤니케이션 장소가 된다.

사진 10. 음식점가의 상점 앞
오래 전부터 지역에 밀착된 상점은 지역주민과의 커뮤니케이션을 위한 매개물이 된다.

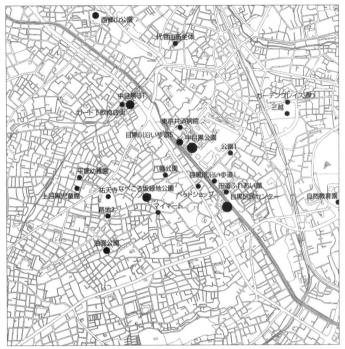

그림 7. 주민이 '만남과 교류의 장소와 요소'로 열거한 지점(●의 클수록 회답자가 많음)

④ 편의성(CONV): 편의성이 높은 시설

편의성이 높은 시설로 열거된 것은 주로 역 앞의 대형복합상업시설, 슈퍼마켓, 편의점, 천원 숍 등이다그림 8. 또한 '메구로 구민센터', '다미치 회관', '공제병원'과 같은 복지, 의료 서비스시설도 편리성이 높은 요소로 열거되었다. 분포를 보면 사람이 잘 모이는 장소역 앞이나 주요 간선도로변, 보행자전용 도로변 등에 위치해 있다.

이러한 요소들은 일상 생활환경에 있어서 편리성을 대표하는 시설이고 물건을 구입할 때 걸어서 갈 수 있는 것에 한정되지 않고, '언제나 가까이 존재하는' 것, 다른 목적으로 외출할

도시의 프롬나드

경우 '거리낌 없이 들를 수 있는' 것으로서 거주의 매력을 발산시키는 경우도 많다. 따라서 편의성 높은 시설은 가까운 장소에 또는 다른 매력요소의 근방에 연속해서 존재한다면, 걸어서 살아갈 수 있는 생활환경의 중요한 구성요소가 될 수 있다. 한편, 편의성이라는 관점은 앞의 ID/HS/CM과는 달리 '걷고 싶은 생활환경'을 향한 거리의 잠재적 요건으로서 필연적이지 않기 때문에 별도로 파악하는 것이 바람직하다.

사진 12. 에비스 가든 플레이스 앞 열린 공간
걷기 편한 넓이로 보 · 차로가 분리되어, 벤치에서 쉴 수 있는 길은 공원과 같이 다양하게 이용할 수 있다.

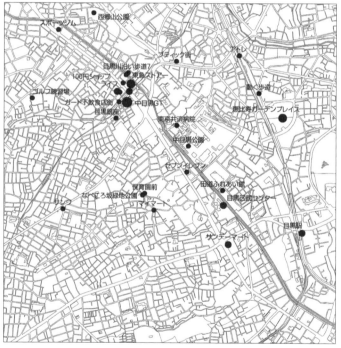

그림 8. 주민이 '편리성이 높은 시설'로 열거한 지점(●이 클수록 회답자가 많음)

사진 13. 구민센터 앞 가로수길
다양한 사람이 걷는 길은 각각의 사람이 길에 대해 요구하는 있는 것을 만족시키고 있다는 증거다.

사진 14. 메구로 천변의 보행자전용로
산책할 때 길과 거리를 다시 볼 수 있는 기회를 제공한다.

산책할 때 경로의 선택 이유
걷기 편함:
• 자동차가 적다.
• 보도가 있다.
• 보도가 정비되어 걷기 쉽다.
• 벤치가 있다.
• 달리기 쉽다.
즐거움, 쾌적성:
• 푸르름, 자연, 나무가 있다.
• 맛있는 가게(메밀국수집)
• 일상적이지 않은 물건구입
• 벚꽃, 꽃구경
• 기분 좋다.
• 깨끗하다.
• 조용하다.
• 상점이 즐비하여 재미있다.
• 급경사로가 있어서 건강에 좋다.
• 기분전환
• 흥미롭다.
• 골목에 들어간다.
• 자연에 침투된다.
• 세련되다.
• 천변, 내를 따라서 이어진다.
• 편의점, 패스트푸드점
• 도서관
• 꽃집
• 골프연습장, 헬스장(취미의 장소)
• 사찰 안
• 잡화 및 가구점
• 구민센터
• 주택가, 깨끗한 경관
어린이:
• 어린이와 공원에 간다
• 유모차를 끌고 산책하기 쉽다.
• 아동관에 어린이를 데리고 간다.
• 애완동물 숍 및 경찰(어린이가 즐거워함)
거리감:
• 적절한 거리
편리성:
• 물건구입 및 식사에 편리
돌아다니며 즐길 가능성:
• 어린이와 산책할 때에도 중간중간 볼거리가 있다

그림 9. 주민이 열거한 산책할 때 경로의 선택 이유

3. 보행경로를 조사한다

수집된 생활행동즉, 산책, 물건구입, 통근에 관련된 보행경로를 GIS상에 골목별로 집계하면 길의 이용도를 파악할 수 있다. 동시에 각각의 보행기회에서 얻은 주민이 인식하는 길의 매력요소를 중첩하는 것으로도 길의 선택에 영향을 주는 이유에 관해 검토할 수 있게 된다. 또한, 설문조사 내용 중에서 자유회답 형식으로 경로를 선택한 이유에 대해 검토함으로써 보행기회에 대응된 요구를 직접적으로 추리, 고찰할 수 있다.

이러한 과정과 같이 '걷고 싶은'이라는 관점으로부터 보행권의 이용도에 관한 현상을 평가하고, 거리의 골격과 보행권에 관한 주민의 요구를 파악하는 것에 대해서 고찰해 본다.

① 산책할 때의 경로선택

산책할 때의 보행경로와 도로별 회답자수, 산책할 때 느끼는 거리의 매력요소에 관한 설문조사의 모든 회답을 중첩시켜 GIS상에 집계했다그림 11.

산책할 때 보행권의 범위는 물건구입 및 통근에 비교해서 광범위하게 걸쳐 있고 그 이용경로 또한 다양했다. 그 중에서도 특히 메구로 천변과 그곳의 접근로를 선택하는 빈도가 높았다. 또한, 보행권에 존재하는 주요역 주변지역을 순회하는 것과 같은 경로가 많이 보였다. 이러한 이용경로는 경로 주변의 매력요소와 적절하게 관련되어 있었다.

경로 주변의 매력요소인 메구로 천변이 산책 시의 매력요소로 집중되기 때문에 메구로 강이 거리의 매력에서 커다란 골격이 되는 것을 알 수 있었다. 역 주변 지역에서는 에비스가든 플레이스, 다이칸야마 일대 등 복합 상업시설, 특징적인 거리경관, 자연교육원, 정원미술관, 니시고우야마 공원과 같은 자연, 문화적 환경이 열거되었고, 이러한 곳들을 순회하면서 놀 수 있는 길이 이용경로로 선택되었다. 또한 설문조사에서 피실험자의 주거지 주변에 관해서도, 가까운 골목과 공원 등이 매력요소로 열거되었다. 이것은 물건구입 및 통근에서는 보이지 않던 경향이고, 가까운 장소에 존재하는 매력은 산책과 같이 여가를 즐기는 상황에서 인식되어 추출되기 쉽다고 추론했다.

주민이 열거한 산책 시의 주요한 경로선택 이유를 키워드 형식으로 정리해보면그림 9, 피실험자의 속성과 취미에 따라서 다양해진다. 특히, 걸을 때 느끼는 즐거움과 쾌적함이 경로를 선택하는 직접적인 이유가 되는 것을 알 수 있었다. '자동차가 적다', '도로가 정비되어 걷기 편하다', '벤치가 있다' 등의 걷기 편함이라는 거리환경이 경로선택 이유로 열거된 것도 특징적이다. 또한, 자연, 점포, 취미활동 장소 등, 자신이 생각하는 매력적 지점을 목적으로 해서 경로가 선택되어 있다. '유모차를 끌고 산책하기 쉬움', '어린이가 즐거워 함' 등, 어린이와 함께 쾌적하게 즐길 수 있으며, 어린이 놀이터가 될 수 있는 환경을 원하여 경로로 선택한 이유 또한 보였다. 매력요소가 연속해서 '중간중간 볼거리가 있다'라는 여기저기 돌아다니며 즐길 수 있는 가능성도 이유로 열거되었다. 골목이나 주택지에서 느끼지 못했던 매력을 발견하거나, 관심있는 장소와 걷기 편한 장소를 추구하며, 여유롭게 돌아다니며 즐길 수 있는 것이 보행권의 질로서 중요한 요건이 되고 있다.

거리의 골격과 보행권에 대한 주민의 요구를 추출할 목적으로 설문조사를 행할 경우, 산책에 관한 조사는 주민에게 보행권을 잘 관찰하게 하여 그것의 질을 재고해 보도록 하는 것이 합리적이라고 본다.

② 물건구입에 있어서 경로선택

주민이 회답한 평소 물건을 구입할 때의 선택경로를 모두 중첩시키고 그것들을 매력적인 지점과 겹쳐본 결과가 그림 13이다. 또한, 선택이유를 키워드화한 것이 그림 10이다.

외출의 방향성은 슈퍼마켓과 같은 상업시설이 모여있는 역 주변에 집중되어 있고, 목적에 따라서 여러 종류의 정해진 경로를 선택하는 경향이 있다.

이 경우 매력적인 지점으로 열거한 것은 '골목', '치즈케이크점' 등 물건을 구입할 때 쉽게 들를 수 있는 점포다. 이러한 것들은 직접적인 보행목적이 되지는 않지만 좀 돌아가더라도 지나가고 싶은 장소 또는 목적지에 갔다가 쉽게 들를 수 있는 지점이라고 말할 수 있다. 물건구입의 경우는 '쉽게 들를 수 있는' 요소가 열거되어 있다고 추론할 수 있다.

경로선택 이유로는 '자동차가 적다', '안심하고 걸을 수 있다', '평지', '그늘이 있다' 등의 보행의 용이함과 '목적지까지 가깝다'라는 편리성이 보였다. 또한, 산책의 경우는 매력적인 장소의 연속이라는 이유가 열거되어 있는데, 평소 물건을 구입할 때도 '여러 용건을 동시에 해결'이라는 것이 경로를 선택한 이유로 열거되었다.

평소 물건구입에 답한 주민은 보행권을 평가할 때 주로 편리성과 효율성이라는 관점을 중시하는 것을 알 수 있었다.

③ 통근에 있어서 경로선택

통근에 있어서 모든 회답자의 경로를 중첩한 결과가 그림

물건구입할 때의 경로선택 이유

걷기 편함:
- 그늘이 있다.
- 보도가 넓다.
- 평지
- 차가 적다.
- 안심
- 배기가스를 피할 수 있다.

즐거움, 쾌적성:
- 햇볕이 좋다.
- 느긋하게 걸을 수 있다.
- 주택가
- 부모는 산책, 어린이는 자전거(건강을 고려해서)

돌아다니며 즐길 가능성:
- 여러 용건을 만족시킬 수 있다.
- 효율성 높게 돌아다닐 수 있다.
- 여러 개의 슈퍼마켓이 가까이 있다.

그림 10. 주민이 열거한 '물건구입' 시의 주요한 경로선택 이유

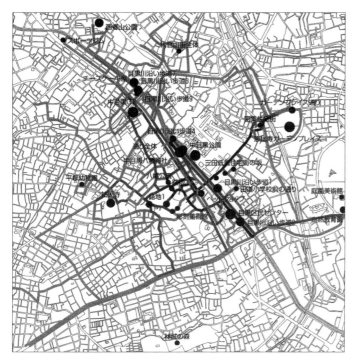

빈도(회답자) 많음

↕

빈도(회답자)적음

그림 11. 거주민이 '산책' 시에 이용하는 경로와 빈도(회답자수)

14다. 또한, 통근할 때 경로를 선택한 이유를 나타낸 키워드를 그림 12에 표시했다.

통근할 때 보행경로는 가까운 역까지 가는 거리인 것이 명확했다. 나카메구로 역, 유텐지 역, 에비스 역, 메구로 역까지 가까운 거리인 2~3개의 경로를 이용하고 있었다.

또한, 매력적인 지점으로 열거된 곳은 쾌적한 보행환경인 골목과 보도, 높은 편리성의 대형 상업시설 등에 한정되어 있었다.

경로를 선택한 이유로 걷기 용이함과 편리성이 열거되어 있는 한편, 푸르름을 보면서 '사계절을 느낀다', '꽃과 나무를 본다', '기분전환' 등이 열거되어 있어서 의외의 발견과 즐거움

통근할 때의 경로선택 이유

걷기 편함:
• 자동차 통행량이 적다.
• 평지
• 뒷길
• 움직이는 보도

즐거움, 쾌적성:
• 밤에 활력이 넘친다.
• 조용하다
• 사계절을 느낀다.
• 꽃과 나무를 본다.
• 멋있는 장소
• 푸르름
• 주택가…푸르름, 안심, 안전, 조용함
• 기분전환

편리성:
• 목적지가 가깝다.
• 편의점이 있다.

돌아다니며 즐길 가능성:
귀가 시에 물건을 구입하기 위해 들른다.

그림 12. 주민이 열거한 '통근' 시의 주요한 경로선택 이유

빈도(회답자) 많음

↕

빈도(회답자)적음

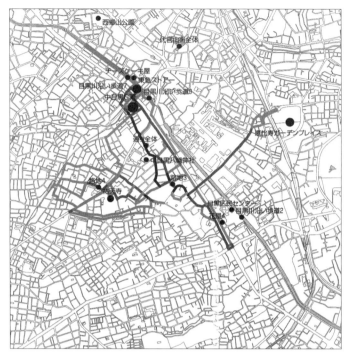

그림 13. 거주민이 '평소 물건구입'의 경우에 이용하는 경로와 그 빈도(회답자수)

이 기대되는 경로를 선택하고 있었다. 또한 경로 상에 '편의점이 있다', '물건을 구입하기 위해 귀가길에 들른다'와 같이, 쉽게 용건을 만족시키는 편리성도 선택한 이유가 되었다.

이러한 점에서 통근 시의 경로선택은 길 그 자체의 보행 용이성 및 편리성과 함께 플러스 알파의 가치로서 즐거움과 쾌적성, 여러 용건이 동시에 만족되는 편리성, 돌아다니면서 즐길 수 있는 가능성 등, 보행환경의 '부가가치'를 중시한다고 보았다.

물건구입 시와 비교하면 통근할 때는 걷는 목적이 확실하

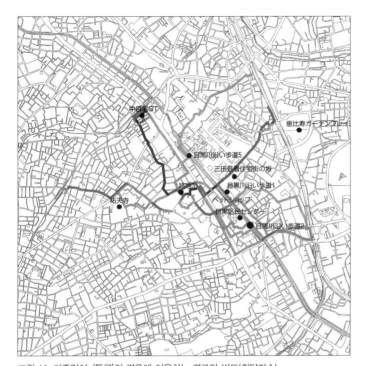

그림 14. 거주민이 '통근'의 경우에 이용하는 경로와 빈도(회답자수)

그림 5-8, 11, 13, 14의 지도는 국토지리원장의 허가를 얻어, 지리원에서 발행한 수치지도 2500(공간데이타기반)을 복제한 것이다(승인번호 평17총복, 제537호).

고, 매력적인 지점을 발견하려는 것과 같은 적극적인 관심은 적지만, 그에 비해서 보행환경과 기능에 대한 요구가 높았다. 이러한 점에서 통근을 상정한 보행권 설문조사를 통해, 그 길을 고정경로로 선택한 강한 요구를 추출할 수 있었다.

4-4 걷고 싶은 생활환경을 향하여

1. 거리의 핵심 포인트를 안다

지금까지 본 것과 같이 설문조사를 통해 거리의 매력요소와 보행환경을 포괄적으로 물음으로써 거주민의 시점에서 거리의 구조를 특징지우는 것이 가능해진다. 주민은 '걷는다'는 행위를 할 때, 자신의 생활행동에 맞추어 거리의 구조를 효과적으로 활용하기도 하고 거리의 즐거움 또한 발견하고 있었다. 한편, 주민이 생활행동 중에서 발견한 거리의 매력요소를 축적하는 것으로 거리의 개성과 특징을 명확히 할 수 있다.

이 장에서는 거리를 ID, HS, CM, CONV의 시점으로 평가하고, 산책, 평소 물건구입, 통근이라는 각각의 생활행동을 고찰함으로써 거리의 형상을 특징지울 수 있었다. 즉, 산책, 물건구입, 통근별로 거리에 대한 매력을 발견하는 방식의 차이점을 볼 수 있었다.

거주민은, 산책할 때는 거리의 매력을 광범위하게 발견하여 활용하고 있고, 물건을 구입할 때는 효율성과 편리성에 중점을 두면서 매력을 발견해 나아가고, 통근할 때는 현실적인 안전, 안심, 쾌적성을 우선시하면서 한정된 범위에서 애착을 발굴하고 있는 것으로 파악되었다. 한편, 모든 기회에서 다양한 매력요소가 연속해 존재하는 것이 걷고 싶은 거리의 중요한 요인이라는 것을 알 수 있었다. 이와 같이 연속된 다양한 매력요소를 '거리의 핵심 포인트'로 지도에 표기하여 마을만들기 자원으로 공유하도록 할 수 있다. 이 장의 설문조사에 있어서도, 다면적 장점을 가지고 있는 푸르름과 꽃과 나무가 우거진 천변, 가까이 있는 매력적인 상점과 복합 상업시설은 중요한 거리의 매력요소가 되고 거리의 골격을 형성하고 있다고 말할 수 있다.

이와 같이 거리의 개성을 평가하기 위해서는, 매력요소의 단위별로 거리에 특징을 부여할 것만이 아니라, 주민의 생활행동이 고려된 조사, 평가가 유효할 것이다. 따라서 주민이 평가한 거리의 매력요소와 거주민의 생활행동에서 이용경로의 관련성을 분석하는 것은 '걷고 싶은 생활행동'의 요건을 발견하는 것으로 이어진다.

'걷고 싶은 생활행동'을 향해서 보다 구체적이고 객관적으로 거리를 평가하고 마을만들기에 실천하기 위해서는 이러한 설문조사를 활용하여 자신의 거리를 재평가하기 위한 주민 워크숍 등이 필요하다. 그때, 주민이 일상적인 보행환경에 요구하고 있는 요건은 거리 평가축의 단서로 활용할 수 있을 것이다. 마을만들기에 관련된 사람은 주민의 시점을 고려하여 이러한 평가축을 발견하고 그것들을 공유하면서 거리를 평가해 봄으로써 '걷고 싶은 생활행동' 의 구체적 정비를 위한 동기부여가 가능해진다.

우리는 한정된 주민을 대상으로 설문조사를 기초로 평가해 보았는데, 객관적이고 구체적인 '거리의 핵심 포인트'를 추출하기 위해서는 더 다양한 주민과 마을만들기 관계자에게 정보를 제공받고 공유하지 않으면 안된다. 특히, 주민 또는 마을만들기 관계자에 의한 일방적인 활동으로 의도된 설문조사만이 아니라, 주민과 마을만들기 관계자가 서로 정보를 끄집어내고, 분석과 정리과정을 거친 결과를 공유하는 것이 효과적이다. 그때, GIS지도에 조사한 평가정보를 통합하여 표시하는 것은 모두에게 이해하기 쉬운 수단이 된다. 또한, 지도 상에서 거리의 현상을 파악하는 것은 거리의 미래 비전이라는 이미지 형성을 쉽게 해주는 장점이 있다. 그러한 장점을 살려서 거리의 개성을 더욱 객관적으로 분석하기 위해서는 보행경로와 매력요소와의 관련성을 정량적으로 평가하고, 입지분석과 주민속성이라는 복합적인 정보를 통합·분석하는 것이 앞으로 남은 과제가 될 것이다.

2. 거리의 평가방법을 활용한다

이 장에서는 거리의 현재상황에 관한 기본정보로서, '걷는다'라는 주민의 생활행동, 그때 주민이 느끼는 거리의 매력요소에 관해서 일괄적으로 설문조사를 행하고 분석하였다. 이러한 것처럼, 직접 주민에게 보행권의 이용도를 묻는 것은 거주민의 생활방식에 따라서 요구되는 거리의 요소들과 그러한 것들이 거리에 분포한 것을 파악할 수 있게 해준다. 이러한 수법은 불특정다수의 주민이 느끼는 객관적이고 구체적인 거리의 현재상황을 파악할 수 있다는 점에서 효과가 있다. 또한, 주민 자신이 거리의 좋은 곳과 개성을 재발견하고, 마을만들기 활동에 대한 동기와 문제의식을 발견하게 하는 데 있어서 새로운 계기가 되도록 한다.

한편, 주민이 거리를 어떻게 이용하고 있는가를 계속해서 파악하는 것은 마을만들기에 관여하는 계획자측이 최근 거리의 보행환경 상태를 진단할 수 있게 한다. 또한, 주민의 보행경로에 관한 정보, 거리에 대한 요구와 평가는 거리의 개성과 활력도를 모니터링하는 지표로 활용할 수 있다. 이러한 정보를 시계열적으로 축적하고, 보다 많은 주민과 계획자가 공유하게 함으로써, 거리에 대한 애착을 향상시키게 하기 위한 구체적인 활동으로 발전되는 것을 기대할 수 있다.

이러한 점에서 조사정보의 수집과 분석을 인터넷을 매개로 할 수 있게 하는 Web-GIS가 구축되기를 기대한다. 예를 들면, 그림 15와 같이 계획자측(마을만들기 전문가)이 인터넷 상에서 주민 설문조사를 실시하여 축적하고 분석한 마을만들기 정보와 거리평가 지도를 업로드하여 주민이 거리의 정보검색에 활용하고 계획자측이 마을만들기 계획에 활용할 수 있게 된다. 즉, 쌍방향의 설문조사시스템을 구축할 수 있는 것이다. Web-GIS를 활용한 설문조사시스템 구축에 있어서 명확한 목표설정이 중요하다. 이 장의 '걷고 싶은 생활행동'에 대한 주민 설문조사는 거리를 평가할 때 효과적으로 적용할 수 있다. 또한, 앞으로 3차원 CG기술과 경관 모의실험 기술을 설문조사법과 조합함으로써, 거리의 평가를 더욱 사실성 높고 쉽게 실시할 수 있게 될 것이다.

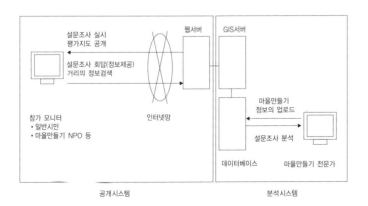

그림 15. '걷고 싶은 생활행동'을 위한 Web-GIS 설문조사시스템의 이미지

마을만들기 자원정보 동향

최근 GIS나 GPS와 같은 지리정보 기술이 현저하게 발전함에 따라서, '지도'를 활용한 환경정보의 공유는 모든 분야에서 발전하고 있다. 자동차 네비게이션 및 GPS 기능이 있는 휴대전화 등에 의한 경로정보 검색, 현재 위치와 주변 정보를 알 수 있는 Web-GIS의 공개지도 정보는 사생활에서부터 지역을 대상으로 한 행정, 비즈니스에까지 다양한 정보서비스를 실현시키고 있다.

특히, 마을만들기 분야에 있어서 '정보의 공유화'는 시민참가를 위한 필수조건이 되고 다양한 지리정보 기술은 유력한 도구로 기대되고 있다. 이러한 거리정보는 행정주체의 제공, 민간기업 주체의 제공, NPO와 개인주체의 제공 등과 같이 다양한 형태로 제공되고 있다.

인터넷에서 공유되고 있는 마을만들기 자원정보 중에서 실시목적이 명확한 특징적 사례를 소개한다.

그린 맵 - GREENMAP JAPAN(http://www.greenmap.jp/index.html)

그린 맵은 일반시민이 주체가 되어 자기 주변 환경을 세계 공통의 아이콘그림문자으로 표현하여 지도를 만드는 활동을 내포한다. 1992년 뉴욕의 환경 디자이너인 웬디 브라워 Wendy Brawer 씨가 제창했다. 수목과 공원의 녹음, 야생동물의 서식지와 같은 자연환경, 예술적인 장소와 사적 등 문화환경, 식품점과 같은 생활환경, 쓰레기 불법투기와 같은 환경오염원 등, 환경문제와 관련된 장소를 아이콘을 이용하여 지도에 표현하는 특징이 있다. 세계 각국에서 시민과 NPO에 의한 자주적 활동을 중심으로, 현재 약 46개 국, 330개 도시가 그린 맵 작성에 참가하고 있다.

일본에서는 1997년 교토에서 개최된 국제연합의 '지구온난화방지교토회의COP3'에서 '고대도시 교토'를 '환경도시'로 알릴 목적으로 '그린 맵기획, 제작, 발행: 천연디자인포럼'을 제작했다. 세계에서 8번째로, 아시아에서는 첫 번째로 제작된 그린 맵은 COP3회기 중에 커다란 반향을 불러일으켜, 일본 각지에서 그린 맵 제작활동의 동기가 되었다.

현재는 NPO법인 그린 맵 일본에서 작성지원과 보급이 추진되고 있고 40곳 이상의 지역에서 그린 맵이 제작되고 있다.

센다이 시 도시자원 데이터베이스(시행판) – 센다이 시청 : http://www2.info-mapping.com/sendai/index.html

미야기현 센다이 시가 시행 중인 마을만들기 정보공유시스템이다. 시민이 지역을 조사, 활용하는 즐거움과 그것의 성과를 발언할 수 있는 즐거움을 체험할 수 있는 시스템이다. 시민 스스로가 마을만들기 공유정보의 축적에 참가할 수 있도록 하는 것을 지향하고 있다. 인터넷 상에서 거리의 정보검색 이외에 이용자가 지도를 보면서 간단하게 거리의 정보를 등록할 수 있는 쌍방향형 시스템이 특징이다. 마을만들기 자원의 분야로서 왼쪽 표와 같은 카테고리가 설정되어 있다.

자연	산의 경치, 산림의 경치, 물의 경치, 마을의 경치, 동·식물
역사	사적, 유적, 사찰, 불각, 전설, 민화, 설화, 역사적 지명, 길거리, 건조물, 인물, 문학
문화	생활, 전통, 전승, 제례, 행사, 문화시설, 문학, 예술, 스포츠
사람	인물
도시	경관, 시민활동, 지역활동, 상점, 이벤트, 추천 포인트

하기마치주 박물관 시스템 – Web하기마치주 박물관(http://hagigis.city.hagi.yamaguchi.jp/machihaku/hagi.html)

야마구치 현 하기 시는 성곽도시로서의 마을풍경이 남아있는 중심부를 박물관으로 만들고, Web-GIS시스템을 이용하여 도시유산을 보존, 활용하고 있다. 문화재와 관광정보, 에도 시대의 하기 서민마을 그림지도 등의 데이터를 지도에 중첩시켜 하기 시가지의 다양한 면을 볼 수 있게 한다. 또한 하기 박물관에서 대출할 수 있는 휴대형 펜 입력 개인컴퓨터를 이용하여 현지조사와 학습에 활용할 수 있고 자신이 조사한 데이터를 박물관의 관리용 컴퓨터에 입력하여 '나의 도시'를 작성할 수 있다. 이와 같이 주민참가형 시스템인 것이 특징이다. NPO법인 '하기마치주 박물관'과 하기 시가 공동으로 운영·관리하고 있다.HP제작: 야마구치미츠요우시스템

'걷고 싶은 생활환경에 관한 설문조사'

회 답 용 지

기입 후, O월O일(O)까지 동봉한 반신용 봉투에 '회답용지, 별지1, 별지2' 3가지 모두를 봉투에 넣어 우송하여 주십시오.

〈기입 유의사항〉

● 부부 중 한 명이 기입하시면 됩니다.
● 회답은 다음의 3가지 용지에 기입하십시오.
　　① '회답용지'의 질문에 답변
　　② '별지1'의 지도상에　보행 코스　특징적 장소　를 기입
　　③ '별지2'의 지점정보기입표에　각 지점 번호에 관한 해설　을 기입
　　'별지1' 지도와 '별지2'의 지점정보 기입표의 번호가 대응되도록 회답
　　해 주십시오.
● 우선 '설문조사 개요'를 읽고 이해한 후 회답해 주십시오

문의처
OOOOOOOOOO
담당자 : OOO
TEL : OOOO-OOOO

문1. 평소 '산책'할 때 걷는 코스에 대한 질문

문1-1 평소 산책할 때 걷는 코스 를 빨간 선으로 목적지와 함께 '별지1'의 지도에 기입해 주십시오.

〈기입 시의 주의사항〉
● 계절의 변화에 따라 월과 년에 수회 이용하는 코스도 포함하여 최대 3개 코스까지 복수회답 가능함.
● 복수의 경우는 코스①에서 코스③까지 번호를 기입함

문1-2 기입한 코스에 대하여 다음의 A에서 D의 분야에 해당하는 특징적인(인상에 남는) 장소 및 요소가 있으면, '별지1'의 지도상에 지점 번호 를 기입해 주십시오.

특징적인(인상에 남는) 장소와 요소의 장르

A. '애착이 있거나 자랑할 수 있는' 장소 및 요소
B. '안심하고 즐겁게 걸을 수 있는' 장소 및 요소
C. '사람과의 만남 및 교류'의 장소 및 요소
D. '편리성이 높은 시설'

문1-3 '별지2'의 지점정보 기입표의 각 지점번호란에 다음의 (1)에서 (4)까지에 대하여 기입해 주십시오.

(1) 그러한 장소 및 요소들은 이름이 무엇입니까? (명칭 등을 기입)
(2) 그러한 장소들은 어떠한 특징을 가진 장소입니까?(특징을 기입)
(3) 위의 A에서 D까지 중에 어디에 해당하는 장소 및 요소입니까?
(4) '어떤 때에 매력적이라고 느끼는가?'의 산책에 O를 표시해 주십시오.

문1-4 '문1-1에서 기입한 산책 코스'에 관하여 아래의 회답란에 기입해 주십시오.

(1) 그 코스를 '걷는 빈도'를 기입해 주십시오.
(2) 위의 A에서 D의 특징 이외에 그 코스를 '걷고 싶은 이유'가 있다면, 자유롭게 적어주십시오.

【회답란】

	(1) 그 코스를 걷는 빈도는? (단일회답)	(2) 그 코스를 걷고 싶은 이유 (자유기술)
코스 ①	1. 거의 매일　　2. 주 1~2회 정도 3. 월 1~2회 정도　4. 년에 몇 번 정도	
코스 ②	1. 거의 매일　　2. 주 1~2회 정도 3. 월 1~2회 정도　4. 년에 몇 번 정도	
코스 ③	1. 거의 매일　　2. 주 1~2회 정도 3. 월 1~2회 정도　4. 년에 몇 번 정도	

문2. 평소 '물건구입'할 때 걷는 코스에 대한 질문

문2-1 평소 물건구입할 때 걷는 코스 를 **파란** 선으로 목적지와 함께 '별지1'의 지도
에 기입해 주십시오.

〈기입 시의 주의사항〉
● 계절의 변화에 따라 월과 년에 수회 이용하는 코스도 포함하여 최대 3개
코스까지 복수회답 가능함.
● 복수의 경우는 코스①에서 코스③까지 번호를 기입함

문2-2 기입한 코스에 대하여 다음의 A에서 D의 분야에 해당하는 특징적인(인상에
남는) 장소 및 요소가 있으면, '별지1'의 지도상에 지점 번호 를 기입해 주
십시오.

특징저인(인상에 남는) 장소와 요소의 징트

> A. '애착이 있거나 자랑할 수 있는' 장소 및 요소
> B. '안심하고 즐겁게 걸을 수 있는' 장소 및 요소
> C. '사람과의 만남 및 교류'의 장소 및 요소
> D. '편리성이 높은 시설'

문2-3 '별지2'의 지점정보 기입표의 각 지점번호란에 다음의 (1)에서 (4)까지에 대하
여 기입해 주십시오.

(1) 그러한 장소 및 요소들은 이름이 무엇입니까? (명칭 등을 기입)
(2) 그러한 장소들은 어떠한 특징을 가진 장소입니까?(특징을 기입)
(3) 위의 A에서 D까지 중에 어디에 해당하는 장소 및 요소입니까?
(4) '어떤 때에 매력적이라고 느끼는가?'의 산책에 O를 표시해 주십시오.

문2-4 '문2-1에서 기입한 물건구입 코스'에 관하여 아래의 회답란에 기입해 주십시
오.

(1) 그 코스를 '걷는 빈도'를 기입해 주십시오.
(2) 위의 A에서 D의 특징 이외에 그 코스를 '걷고 싶은 이유'가 있다면, 자유
롭게 적어주십시오.

【회답란】

	(1) 그 코스를 걷는 빈도는? (단일회답)	(2) 그 코스를 걷고 싶은 이유 (자유기술)
코스 ①	1. 거의 매일 2. 주 1-2회 정도 3. 월 1-2회 정도 4. 년에 몇 번 정도	
코스 ②	1. 거의 매일 2. 주 1-2회 정도 3. 월 1-2회 정도 4. 년에 몇 번 정도	
코스 ③	1. 거의 매일 2. 주 1-2회 정도 3. 월 1-2회 정도 4. 년에 몇 번 정도	

문3. 평소 '통근'할 때 걷는 코스에 대한 질문

문3-1 평소 통근할 때 │걷는 코스│를 **검은** 선으로 목적지와 함께 '별지1'의 지도에 기입해 주십시오.

〈기입 시의 주의사항〉
- ●계절의 변화에 따라 월과 년에 수회 이용하는 코스도 포함하여 최대 3개 코스까지 복수회답 가능함.
- ●복수의 경우는 코스①에서 코스③까지 번호를 기입함

문3-2 기입한 코스에 대하여 다음의 A에서 D의 분야에 해당하는 특징적인(인상에 남는) 장소 및 요소가 있으면, '별지1'의 지도상에 │지점 번호│를 기입해 주십시오.

특징적인(인상에 남는) 장소와 요소의 장르

A. '애착이 있거나 자랑할 수 있는' 장소 및 요소
B. '안심하고 즐겁게 걸을 수 있는' 장소 및 요소
C. '사람과의 만남 및 교류'의 장소 및 요소
D. '편리성이 높은 시설'

문3-3 '별지2'의 지점정보 기입표의 각 지점번호란에 다음의 (1)에서 (4)까지에 대하여 기입해 주십시오.

(1) 그러한 장소 및 요소들은 이름이 무엇입니까? (명칭 등을 기입)
(2) 그러한 장소들은 어떠한 특징을 가진 장소입니까?(특징을 기입)
(3) 위의 A에서 D까지 중에 어디에 해당하는 장소 및 요소입니까?
(4) '어떤 때에 매력적이라고 느끼는가?'의 산책에 O를 표시해 주십시오.

문3-4 '문1-1에서 기입한 산책 코스'에 관하여 아래의 회답란에 기입해 주십시오.

(1) 그 코스를 '걷는 빈도'를 기입해 주십시오.
(2) 위의 A에서 D의 특징 이외에 그 코스를 '걷고 싶은 이유'가 있다면, 자유롭게 적어주십시오.

【회답란】

	(1) 그 코스를 걷는 빈도는? (단일회답)	(2) 그 코스를 걷고 싶은 이유 (자유기술)
코스 ①	1. 거의 매일　　　2. 주 1–2회 정도 3. 월 1–2회 정도　4. 년에 몇 번 정도	
코스 ②	1. 거의 매일　　　2. 주 1–2회 정도 3. 월 1–2회 정도　4. 년에 몇 번 정도	
코스 ③	1. 거의 매일　　　2. 주 1–2회 정도 3. 월 1–2회 정도　4. 년에 몇 번 정도	

문4. 위의 코스 이외에 생활하고 있는 거리(보행권)의 '특징있는 장소'에 대한 질문

문4-1 문1에서 3까지의 걷는 코스 이외에, 생활하고 있는 거리(집에서 도보로 20분 정도의 거리권=1.5Km권)에서 다음의 A에서 D까지의 분야에 해당하는 특징 적인(인상에 남는) 장소 및 요소가 있다면, '별지1'의 지도에 지점 번호 를 기입해 주십시오.

특징적인(인상에 남는) 장소와 요소의 장르

> A. '애착이 있거나 자랑할 수 있는' 장소 및 요소
> B. '안심하고 즐겁게 걸을 수 있는' 장소 및 요소
> C. '사람과의 만남 및 교류'의 장소 및 요소
> D. '편리성이 높은 시설'

문4-2 '별지2'의 지점정보기입표의 각 지점번호란에 다음의 (1)에서 (4)까지에 대하여 기입해 주십시오.

(1) 그러한 장소 및 요소들은 이름이 무엇입니까? (명칭 등을 기입)
(2) 그러한 장소들은 어떠한 특징을 가진 장소입니까?(특징을 기입)
(3) 위의 A에서 D까지 중에 어디에 해당하는 장소 및 요소 입니까?
(4) '어떤 때에 매력적이라고 느끼는가?'의 산책에 O를 표시해 주십시오.

문5. 마지막으로 회답자 및 회답자의 가족에 관하여 기입해 주십시오.

문5-1 연령 :   세

문5-2 성별 : 남 / 여

문5-3 직업 :
        회사원 및 공무원 / 자영업 / 주부 / 비정규직 / 그 외(   )

문5-4 근무지 : 보행권 / 보행권 밖

문5-5 현재의 거주지에서 몇 년간 살고 계십니까? : 약   년

문5-6 가족은 몇 명입니까? :   명

문5-7 자녀는 몇 명입니까? :
        ① 3세 미만의 유아 :   명
        ② 3에서 6세의 미취학아동 :   명
        ③ 초등학교 저학년(1~3학년) :   명

협력해 주셔서 대단히 감사합니다!

Chapter 05

거 리 의 매 력 을

의 식 으 로 다 룬 다

5-1 걷고 싶은 의식을 측정한다

지금까지 수많은 연구자가 환경평가의 연구대상으로 '거리'를 택했고 다양한 환경평가법이 제안되어 왔다. 그렇지만 거리는 여러가지 환경요소를 포함하고 있는 전형적인 복잡계이고, 그 복잡함과 어려움으로 인하여 거리환경을 종합적으로 평가하기 위한 효과적인 방법론이 아직 확립되어 있지 않다.

니시무라西村幸夫는 도시공간의 성립과 변용의 메커니즘으로서 거주원리, 경제원리, 통치원리라는 중첩되어 작용하는 세 가지 원리에 대하여 지적하고 있지만[1], 만약 거리의 환경이 그러한 각 원리에 대응된 것이라고 한다면, 평가에 영향을 주는 환경요인은 수없이 존재할 것이고 거리를 종합적으로 평가하는 것은 쉽지 않을 것이다. 더욱이 이러한 거리환경에 대하여 거주민의 심리적 평가구조가 사람에 따라서 다르다고 한다면, 거주민의 심리적 평가구조를 명확히 하려는 시도는 더 어려워질 것이다. 그러나 '마을만들기'를 위해서 거주민의 심리적 환경평가 구조의 이해는 중요한 문제이고 '어려움' 때문에 손을 놓을 수는 없는 문제다.

거주민이 거리환경을 어떻게 평가하고 있는가라는 것은 '마을만들기'에 있어서 매우 중요한 문제이기 때문에 이 장에서는 거주민의 심리적 평가구조와 거리의 환경요소와의 관계를 파악하는 구체적인 방법에 대하여 생각해 보기로 한다.

5-2   키워드로 보는 거리의 평가

건축계획 분야에서는 심리적인 환경평가 구조를 파악하기 위한 여러 방법 중 '평가 그리드법'을 자주 사용한다[2],[3]. 필자들은 실제 이 방법을 이용하여 거주민이 거리를 어떻게 평가하고 있는가에 대하여 도쿄의 야나카와 다이칸야마를 대상으로 조사한 경험이 있다. 우선 평가 그리드법에 관하여 설명한 후, 실제 거리를 예로 들어 적용한 사례를 소개한다[4].

1. 평가 그리드법과 평가구조

인간이 환경을 평가하는 경우, 그 심리적인 구조로 개인 특유의 인지구조personal construct system가 존재한다는 사고가 있다. 평가 그리드법은 그러한 가설을 기초로 해서 사누이 준이치로讚井純一郎 등이 1986년에 개발한 환경평가 수법의 하나다. 객관적이고 구체적인 이해의 단위를 하위에 두고 상위에는 보다 추상적인 가치판단을 둔 계층적 구조를 고려하여, 그 중에서 평가에 관계되는 부분만을 선택해서 추출하여 그것의 구성단위평가항목와 구조평가구조를 회답자 자신의 언어로 명확히 하는 수법이다. 구체적으로 설명하면 다음과 같다. 피실험자에게 면접조사를 행하고, 평가대상이 되는 거리사진 수 십 매를 제시하고 추상적 평가항목과 대조하여 수 단계의 그룹으로 사진을 평가, 분류하게 한다. 그리고 서로 인접해 있는 사진이 속한 단계 그룹끼리 비교하게 하여 평가한 이유를 추출힌다. 이렇게 추출된 항목을 '오리지널 엘리먼트'로 하고, 이것들과 관련된 평가항목으로 이끄는 래더링^{laddering} 면접작업을 행하여, 평가 항목을 재구성한 다음, 평가구조의 네트워크를 작성한다. 이러 한 것들을 피실험자 수만큼 중첩하여 공통되는 평가구조를 파 악하는 방법이다.

2. 푸르를수록 높아지는 평가

도쿄의 다이칸야마와 야나카에 사는 거주민의 환경평가 구 조를 파악하기 위해서, 각 지구의 거주자 10명씩에게 '걷고 싶 은 거리'를 주제로 평가 그리드법을 이용해 면접조사를 실시 했다. 제시사진은 두 지구에서 촬영한 경관사진 약 500매 중에 서 48매를 선정하여 이용하였다.

또한, 사진의 녹음의 비율, 피사체로서의 풍경 스케일이 경 관평가에 주는 영향에 대하여도 검토했다. 사진 1~4는 사용 한 사진의 예이고, 48매의 사진은 전 화면에 녹음이 차지하는 비율이 많은 것, 중간 것, 적은 것의 3단계로 카테고리를 분류 해서 각 16매씩 구성되어 있다. 같은 방법으로 사진의 피사체 스케일에 따라서 거리, 길, 건물, 디테일이라는 4단계의 카테고 리로 분류하여 각 12매씩 구성되어 있다. 표 1은 이러한 구성

사진 1. '건물'의 예

사진 2. '거리'의 예

사진 3. '길'의 예

사신 4. '디테일'의 예

표 1. 각 사진 녹지의 비율과 스케일

지구	녹음	건물	거리	길	디테일
다이칸야마 지구	많음	24.6%	36.6%	43.8%	45.1%
	중간	9.9%	33.4%	17.1%	15.5%
	적음	8.3%	5.7%	4.3%	7.5%
야나카 지구	많음	42.5%	56.6%	50.6%	44.2%
	중간	17.6%	31.4%	19.1%	23.8%
	적음	6.2%	3.3%	8.5%	4.9%

을 나타낸다.

녹음비율 산출은 화면에서 녹음이 차지하는 면적을 비트맵 화면상의 픽셀 수Adobe사photoshop5.0 사용를 측정하여 사진 전체 화면에 대한 비율을 구했다.

다이칸야마 지구 거주자에 대한 평가 그리드법의 면접조사 결과, 그림 1과 같은 평가구조 네트워크를 작성했다. 또한 야나카 지구 거주자에 대해 같은 방법으로 그림 2와 같은 평가구조를 작성했다.

두 개의 평가구조 네트워크 그림 모두에서 경관의 푸르름이 평가구조의 중요한 위치를 차지하고 있었다. 사진의 녹음과 '걷고 싶은' 수치의 관계를 파악하기 위해서, '평가 그리드법'을 이용해 면접조사를 할 때, 각 제시자극 사진에 관한 것과 같은 거리를 '걷고 싶은가'에 관해서 5단계로 평가하도록 하였다.

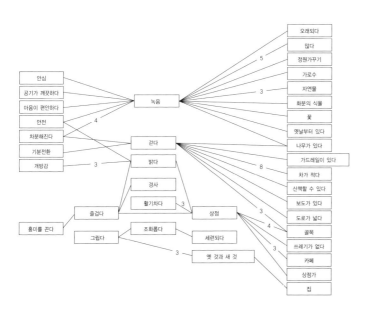

그림 1. 다이칸야마 지구 거주민의 평가구조 네트워그

그 결과를 가지고 디테일, 거리, 건물, 길이라는 각 스케일의
카테고리에 관해서 녹음의 양과의 상관관계를 검토했다. 야나
카 지구 거주민을 대상으로 한 조사결과에서는 건물 스케일의
카테고리에 관한 의미있는 상관관계가 보이지 않았다. 그러나
그림 3~5에서 나타난 것처럼, 디테일, 거리, 길이라는 각 스케
일의 카테고리에 있어서 모두 위험율 1%의 유의수준으로 녹
음양과의 사이에 유의적 상관관계를 보였다. 이것은 녹음양이
많은 거리일수록 '걷고 싶은' 거리가 되는 중요한 요인인 것이
다시 확인되었다[10],[17].

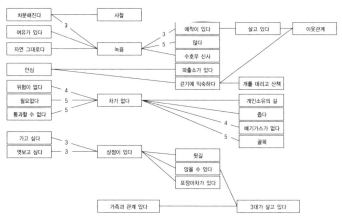

그림 2. 야나카 지구 거주민의 평가구조 네트워크

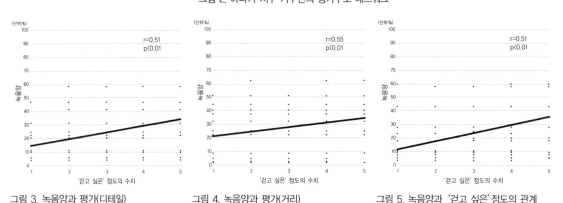

그림 3. 녹음양과 평가(디테일)　　　그림 4. 녹음양과 평가(거리)　　　그림 5. 녹음양과 '걷고 싶은' 정도의 관계

3. 거주민과 비거주민의 평가는 다르다

야나카 지구 거주민의 평가구조 네트워크는 '녹음', '자동차', '상점'에 관한 항목을 중심으로 평가구조가 형성되어 있다. '녹음'에 애착을 가지고 있고 녹음의 양이 많을수록 좋은 것으로 생각하고, 녹의 존재에 의해서 차분한 감정이 생기는 일련의 연계관계를 보았다. 또한, '자동차'에 관해서는 자동차의 통행이 적어질수록 배기가스도 줄어든다는 관계, 자동차 통행이 없으면 골목은 안전하므로 바람직하다는 일련의 연계관계가 보였다. 또한, 자동차는 필요 없다는 견해가 많은 것도 야나카 지구의 특징이다. '상점'에 관해서는 '가고 싶다', '엿보고 싶다'라는 호기심에 관한 항목이 상위개념으로 많이 나타났고, 상점을 매개로 한 지역과 가족 간의 관계를 추측할 수 있는 '가족과의 이어짐', '삼 대가 살고 있다'는 항목도 추출되었다.

한편, 다이칸야마 거주민의 평가구조 네트워크는 '녹음'에 관련된 항목과 함께 '상점'과 관련된 항목이 많이 나타나고 있다. 녹음에 의해 안도감을 얻고, 골목에 있는 상점을 선호하고, 카페 등이 있으면 활기가 생겨서 좋다고 평가했다. 또한, 여기서도 보행 시에는 자동차가 안 다니기를 바라는 목소리가 높고 자동차가 없으면 안전하고 차분하게 걸을 수 있다고 평가했다

거주민과 비거주민이 내린 평가의 차이를 보기 위해 비거주민인 대학생, 대학원생 18명에게 앞에서 이미 진술한 것과 같은 사진으로 평가 그리드법을 이용해 면접조사를 했다. 그 결과, 그림 6과 같은 평가구조 네트워크를 얻었다.

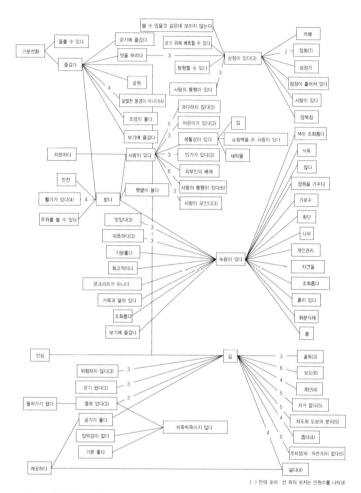

그림 6. 비거주민의 평가구조 네트워크

잡화점과 카페, 상점가와 사람 등, 상점이 있으면 즐겁고 기분전환이 된다는 '비일상성非日常性'이라는 상위개념이 피실험자 여럿에게서 공통으로 나타났다. 또한, 안전성에 관해서는 보도와 계단, 자동차의 배제에 의해 보행하기 쉽고 안심할 수 있다는 일련의 관계가 보였다. 추출된 형용사와 그것의 심리적 평가구조에서 차지하는 위치는 거주의 유무에 따라서 명확

　　　　　　　　　　　　　　　도시의 프롬나드

한 차를 보이고 있다.

피실험자인 다이칸야마 지구와 야나카 지구의 조사결과, 비거주민의 속성에 대한 조사결과는 다음과 같다.

평균연령과 거주년수를 나타낸 것이 그림 7이다. 야나카 지구의 피실험자는 다이칸야마 지구에 비하여 연령도 높고 거주년수도 길다. 야나카 지구에서는 2대, 3대 가족이 많고 태어날 때부터 현주소에 살고 있는 피실험자도 적지 않는 등, 연령과 함께 출신지도 결과에 영향을 주고 있다고 보았다.

또한 그림 8은 다이칸야마와 야나카 지구를 얼마나 알고 있는가라는 거리 인지도에 관한 조사결과다. 야나카 거주민의 대부분은 다이칸야마를 알고 있는 것에 반해, 다이칸야마 거주민의 야나카 지구에 대한 인지도는 낮은 편이다. 또한 비거주민인 학생들은 젊은이들이 자주 방문하는 곳인 다이칸야마 지구에 대해 높은 인지도를 가지고 있지만, 야나카 지구에 대해서는 극단적으로 낮은 인지도를 가지고 있다.

그림 9는 지역의 일원이라는 자각의 정도를 표하는 간인도 척도득점間人度尺度得点을 비교한 것이다. 다이칸야마 거주자에 비하여 야나카 거주자, 비거주민 간의 간인도득점은 높은 유의성 수치를 표하는데, 거주민, 비거주민의 특징이 잘 나타나 있다.

그림 7. 연령과 거주년수

그림 8. 야나카와 다이칸야마의 인지도

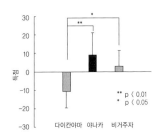

그림 9. 야나카와 다이칸야마의 간인척도득점

5-3 거리의 지원성 발견

1. 지원성과 평가구조

　'지원성affordance'이라는 단어는 미국의 지각연구자인 깁슨J. J. Gibson, 1904-1979이 'afford'라는 동사로 만든 새로운 말이다. 깁슨은 프린스턴 대학에서 심리학을 전공하고 공군지각연구프로젝트에 참가한 후에 코넬 대학에서 형태심리학자인 코프카Kurt Koffka의 영향 아래서 연구활동을 진행했다. 생애에 100개 이상의 논문과 저작 3권을 발표하고 마지막 저서인『생태학적 시각론The Ecological Approach to Visual Perception』1985에서 지원성 이론을 확립했다.

　'지원성'이라는 것은 간단히 말하면 환경에 실존하는 정보가 사람깁슨은 동물이라고 표현하고 있다에게 제공되는 '가치'에 관한 것이다. '환경의 정보'라는 것은 환경 중에 실존하지만 자극처럼 강요받는 것이 아니라, 지각자가 환경으로부터 '획득하고', '발견하는' 것이라고 간주한다. 인간이 환경에 반응하는 것이 아니라 정보를 환경 안에서 적극적으로 탐색해서 선택한다는 온몸으로 하는 행위와 체험을 중시하는 사고방법이다. 처음에는 이러한 '지원성'의 사고방법이 거의 주목받지 못했다. 그러나, 1980년대에 정보분야에서 차츰 구체적으로 떠오르기 시작한 '프레임 문제'에 있어서 학문적 혼란이 발생하여 정보처리의 패러다임 전환이 필요하게 되었다. 그때, 인공지능의 설계원리를 취급하는 인지심리학자들이 특히 주목받기 시작했다.

환경과 사람의 관계에 있어서 종전의 사고방법의 주류는 환경을 '자극S', 사람을 '반응R'으로 취급하는 자극 – 반응계S-R계의 환경결정론이었다. 깁슨은 환경과 인간의 상호작용에 있어서 사람이 환경 안에서 가치있는 정보를 적극적으로 탐색한다는 역동적인 사고방법을 제창하여 커다란 영향을 주었다. 그는 이러한 사고방법을 여러 실례를 들어 설명하고, 『생태학적 시각론』에서 지원성의 예로 항공기의 조종사가 착륙할 때 눈에 보이는 그림 10과 같은 조망을 들었다. 조종사는 고속비행 시에 환경과의 능동적 작용을 통해서 고속으로 이동하는 광학적 배열로부터 기체의 위치와 속도 등의 유용한 환경정보지원성를 얻을 수 있다.

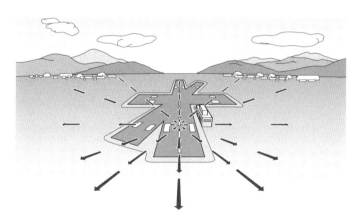

그림 10. 착륙 시의 광학적 배열의 흐름

또한, 깁슨은 자유롭게 손을 움직여 물체에 능동적으로 접함으로써 물체를 더 잘 지각, 인지할 수 있다는 '활동적 접촉active touch'이라는 개념을 제안했다. 솔로몬Solomon 등은 그림 11

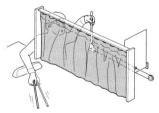

그림 11. 솔로몬의 실험장치 개요

과 같은 장치를 이용하여 기다란 막대기를 보지 않고도 쥐고 흔들어 보는 것으로도 그것의 길이를 정확하게 알 수 있다는 것을 증명하여 활동적 접촉에 대하여 설명하였다. 피실험자는 이 실험으로 막대기를 쥐고 흔드는 능동적 행위에 의해 관성 모멘트라는 물체의 정보지원성를 얻는 것이다. 어떤 경우라도 환경에 능동적으로 접근하는 것으로 유용한 정보를 얻을 수 있다는 사례다. 환경으로부터 얻는 이러한 정보의 가치는 환경을 평가하는 데 있어서 중요한 요인이 된다고 볼 수 있다.

여기에서 지원성이라는 시점에서 거리의 환경 및 거주민의 심리적 평가과정을 생각해보도록 하자.

거주민이 거리의 환경을 어떻게 평가하고 있는가는 천차만별이다. 따라서, 모두에게 합의를 얻는 것은 쉽지 않다. 거리환경을 제시자극으로, 그리고 거주민의 환경을 반응으로 간주하는 기계론적인 자극－반응계의 시스템으로 거주민의 환경을 평가하여 구조를 파악하는 것은 당연히 불가능하다. 그러나 환경평가에서 나타나는 차이를 모두 개성과 개체 간의 차이로 간주하면, 거주민의 환경평가를 토대로 마을만들기를 위해 공유할 수 있는 정보와 아이디어를 이끌어낸 것이 무의미하게 될 것이다. 평가에 있어서 개인차는 물론 중요한 요소지만, 차라리 그것이 과연 어디에서 온 것인가와 같은 문제설정을 행하는 것이 중요하다.

깁슨이 말한 것처럼 환경의 능동적 접근을 통해서 유용한 환경정보를 얻고 있는 것이라고 한다면, 그것을 거리환경과 거주민의 환경평가의 문제에 적용해도 좋을 것이다. 환경평가의 내용은 거주행위의 종류와 내용에 의존하여, 개체가 환경으로부터 획득하는 정보의 양과 질에 있어서의 차이, 즉 '지원성'의 차이에 의한 것이라고 생각하는 것이 실천적이고 유용하다고 생각된다. 거리정보의 입수를 위한 주체적 거주행위, 거리환경으로부터 얻는 정보의 질과 양, 거주민이 가지고 있는 가치의 차이 등이 심리적 환경평가 구조와 가치관에 차이를 발생하게 한다고 생각할 수 있다.

이렇게 생각하면, 거리에는 거주민이 이용할 수 있는 유용하고 다양한 환경정보, 즉 거리의 지원성이 존재해 있는 것이 된다. 매일 매일의 생활에서 거리의 이러한 지원성을 능동적으로 탐색, 입수, 활용함으로써, 그것이 거리환경의 심리적 평가에도 반영되어 있는 것으로 볼 수 있다. 다음 절에서 이러한 지원성의 구체적인 예를 설명한다.

2. 걷고 싶은 지원성

'걷고 싶은'이라는 단어가 거리환경의 질을 표현하고 있다는 것을 앞에서 서술했다. 이 절에서는 그것을 다시 설명하기로 한다. '걷고 싶다'라는 방향으로 작용하는 거리의 환경은 수려하고 다양한 매력을 가지는데, 그 거리의 환경정보를 바람직한 지원성, 그 반대로 '걷고 싶지 않다'라는 방향으로 작용하는 거리의 환경은 매력적이지 않은데, 그 거리의 환경정보를 바람직하지 않은 지원성으로 정의하기로 한다. 요즘, 젊은이의 거리인 도쿄의 다이칸야마 지구와 오래된 사찰과 고풍스러운 풍경이 남아 있는 야나카 지구를 대상으로 몇 개의 사진을 예로 들어 지원성에 관하여 설명한다.

사진 5는 다이칸야마의 구 야마테도오리에 인접한 쇼핑몰 입구인 빈 공간이다. 보도와 나란히 있는 점포가 쇼핑몰 안으로 연속해서 배치되어 있는데, 자연스럽게 쇼핑몰 안으로 들

사진 5. 다이칸야마의 쇼핑몰 입구

사진 6. 다이칸야마의 레스토랑

사진 7. 야나카의 기와로 만든 담이 있
는 길

사진 8. 야나카의 민속품점

어가고 싶게 되어 있다.

사진 6은 다이칸야마의 구 야마테도오리에 있는 레스토랑이
다. 나무그늘이 보도까지 드리워져 보행자가 느긋하게 경치를
즐기면서 쉬고 싶게 한다.

사진 7은 '사거리상'을 받은, 야나카의 골목에 있는 기와 담
이 나란히 난 좁은 도로. 고풍스러운 도시풍경에 잘 어울리
는 표정을 만들어내어 산책하고 싶게 한다.

사진 8은 야나카의 야마테도오리에 인접한 민속품점이다.
민속공예품과 지역정보지를 판매하고 있는데, 지역거주자와
관광객을 위한 유용한 정보를 제공하고 있다.

거리의 매력 포인트는 모든 거리에 존재하지만, 이러한 매력
포인트들은 행동선택의 가치를 지니면서 환경정보로서 영향
을 준다. 사람들로 하여금 '걷고 싶게' 하는 점에서 좋은 의미
로서의 바람직한 지원성이라고 말할 수 있을 것이다.

3. 걷고 싶지 않은 지원성

'걷고 싶지 않은', 바람직하지 않은 지원성으로서 도쿄 나카
메구로 지구의 몇몇 예를 보기로 한다.

사진 9는 유텐지 뒤에 있는 묘지 안의 통행로다. 편리한 지
름길이지만 가로등이 없고 보도와 차도가 분리되지 않은 길로
야간에 범죄피해가 예상된다.

사진 10은 유텐지 역 앞의 상점가다. 자주 볼 수 있는 풍경이
지만, 좁은 왕복 2차선 길을 버스가 빈번히 통행한다. 번화가
임에도 불구하고 보도가 없어 보행자의 접촉사고가 예상된다.
통행자에게 교통사고를 암시하는 길이다.

사진 11은 메쿠로 천변의 상점가의 셔터다. 닫혀진 셔터는

이 거리를 유지·관리하고 있지 않고 낙서로 지저분해 '황폐한 거리'라는 인상을 준다. 야간에 오가는 사람이 없을 경우, 그곳은 범죄피해를 예상할 수 있다.

사진 12는 유텐지 역 앞으로 연결된 도로변의 상점가다. 음식점에서 나오는 쓰레기가 방치되어 악취도 심하고 깨진 유리가 흩어져 있다. 빨리 벗어나고 싶은 거리의 인상이다.

이상과 같이 범죄 및 교통사고의 위험성이 느껴지는 경관의 정보, 오감으로 느껴지는 불쾌한 정보 등의 여러 가지 거리정보는 거주민에게 '걷고 싶지 않는' 기분을 표출시킨다. 그러한 의미에서 바람직하지 않은 지원성을 제공하고 있다고 말할 수 있다.

사진 9. 나카메구로 유텐지의 묘지 길

사진 10. 나카메구로 유텐지 상점가

사진 11. 메구로 천변의 상점가 셔터

사진 12. 유텐지 역으로 연결된 상점가

5-4 의식의 지도화

1. GIS에 의한 평가구조

거주민에게 나카메구로 지역의 매력 포인트, 범죄발생 및 사고발생이 높은 지역을 묻고 지도에 표현하도록 했다. 그 인지지도와 실제의 매력 포인트, 범죄발생, 사고발생 데이터를 가지고 작성한 GIS지도를 비교했다. 서로 동떨어져 있는 경우에 거리의 어떤 환경정보가 그런 차이를 발생시키고 있는가를 고민하는 것은 거주민의 거리환경 평가를 생각할 때 중요한 단서가 될 것이라 기대한다. 매력 포인트가 많은 거리일수록 걷고 싶어지리라고 생각하는데, 그렇다면 거주민이 어떠한 것을 거리의 매력으로 인식하고 있는지가 문제일 것이다.

거리의 매력 포인트인 바람직한 지원성이 높은 지역일수록 '걷고 싶어질' 것이고, 범죄와 사고의 위험성이 높을수록 '걷고 싶어지지 않을' 것이다. '걷고 싶은' 거리의 중요 환경요인으로,

1) 거리의 매력 포인트
2) 범죄 위험성
3) 사고 위험성

이라는 3가지 요인을 들어[26],[27], 나카메구로 지구에 사는 거주민 40명에게 설문조사를 실시하고 아래와 같은 작업을 했다.

① 거주민에게 위에서 언급한 세 가지 각 환경요인을 가지

고 매력적인 지역, 범죄 위험성이 높은 지역, 사고 위험성이 높은 지역에 관한 인지지도를 각각 작성하도록 한다. 얻은 데이터를 GIS(ESRI사 Arc View)를 이용하여 빈도지도를 작성한다.

② 환경요인에 관하여 실제 입수한 매력 포인트 데이터, 범죄 데이터, 사고 데이터를 기초로 GIS를 이용하여 동일한 방식으로 빈도지도를 작성한다.

③ 위의 ①과 ②의 각 지도를 GIS상에서 그림 12와 같이 중첩시켜, 거주민의 인지지도와 실제 데이터가 꼭 들어맞는지를 확인하여 거리평가의 심리구조를 검토한다.

④ ③의 검토에 대한 참고를 위해 설문조사 회답자 중에서 협력자 6명을 선정하여 더 상세하게 심리구조를 조사한다.

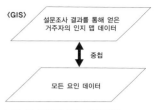

그림 12. GIS에 의한 중첩개념

2. 비일상의 매력

우선 앞의 조사결과를 가지고 매력 포인트에 관해 서술한다. 타운잡지, 관광가이드, 지도 등에서 얻은 아래와 같은 항목을 매력 포인트로 리스트를 만들고, GIS를 이용하여 그것들을 지도(그림 13)로 작성한다.

① 편의점

② 패스트푸드점

③ 음식점

④ 견학, 관광시설

⑤ 상점

⑥ 카페

⑦ 오락시설, 복합시설

그림 14는 거주민에게 매력적이라고 생각되는 지역을 백지도에 표기하도록 한 후, GIS시스템을 이용하여 그 지도를 중첩시켜 겹치는 정도를 농도로 표현한 인지지도다.

그림 15는 위에 설명한 지도를 중첩시켜 작성한 지도다. 그 결과, 일상생활과 관계가 깊은 편의점, 슈퍼마켓, 카페 등은 거주민의 인지지도와 거의 중첩되어 있지 않았다. 반면, 비일상생활과 관계가 깊은 상점, 견학 및 관광시설, 오락 및 복합시설 등은 거의 중첩되어 있었다. 또한, 이 조사에서는 녹지에 관한 GIS데이터를 입수할 수 없었기 때문에 그림 13에는 표기되지 않았지만, 그림 14거주민의 매력적 지역에 관한 인지지도에는 메구로천변의 녹지대가 명확하게 표기되어 있었다.

일반적으로, 생활에서 느끼는 관념감정을 비일상과 일상으로 구별하는 것은 일본과 같은 농경문화를 이해하기 위해 민족학 분야에서 정식으로 규정된 개념이다. 이러한 개념은 건축학과 주거학 분야에서도 논해지는 경우가 많다. 일상생활의 국면에서는 편리성이 우선되기 때문에 걷고 싶은 기분이 드는 것은 거의 고려되지 않을 것이다. 반면, 시간적 제약이 적은 산책과 기분전환과 같은 산책이라는 비일상생활의 국면에서는 걷고 싶은 기분에 빠지는 경우가 있을 것이다. 생활행위가 처한 국면에 따라 평가의 대상과 내용이 달라지는 것이다. 시간적 제약이 거의 없는 비일상생활에서는 걷고 싶은 것과 같은 거리 매력의 바람직한 지원성이 중요하다고 본다. 반면, 시간적 제약이 많은 반복되는 일상생활에 있어서 행동원리는 안전성, 편리성, 효율성 등이라고 보고, 매력 포인트라는 것은 거의 의식되지 않는 것처럼 보인다. 범죄 위험성과 사고 위험성이 낮고 보행거리가 짧아 걷기 편하다는 것과 같은 바람직하지

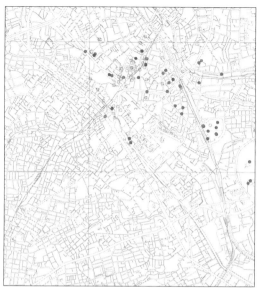

그림 13. 거리의 매력포인트 추출

그림 14. 거리의 매력에 관한 인지지도

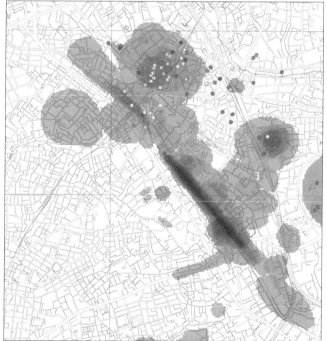

● 매력 음식점

● 매력 건학, 관광시설

◌ 매력 상점

● 매력 카페

◯ 매력 어뮤지먼트 시설, 복합시설

선택인원수

0 1 2 3 4 5 6 7 8 9 10 11 12 13 14 15 16 17

그림 15. 그림13과 14의 합성도

않은 지원성이 중요한 것 같다.

3. 인지하기 어려운 범죄의 위험

　다음으로 범죄에 관한 설문조사 결과를 본다.

　그림 16은 설문조사의 피실험자가 지적한 범죄 위험도가 높은 지역을 GIS로 정리한 인지지도다. 거주민은 나카메구로 지역의 메구로 천변, 야마테도오리 주변, 나카메구로 역 주변, 메구로 구민센터 주변 등에서 범죄가 많고 불안을 느끼고 있다고 답했다. 도로변, 사찰, 공공시설과 같은 노상에서의 소매치기를 의식하고 있는 것으로 보인다. 인터뷰 조사결과에서도 '어둠', '사람의 통행량너무 많거나 너무 적거나', '공공시설'이 열거되었다.

　한편, 그림 17은 경찰청 홈페이지에 공개된 지도를 기초로 하여25), 메구로 경찰서 관내에 일어난 범죄상황1~8월까지과 전형적 도시범죄인 소매치기와 절도의 데이터를 참고하여 작성한 GIS지도다.

　침입절도 빈도가 높은 지역에서 소매치기도 많은 것을 알 수 있다. 그러나 거주민의 인지지도는 실제의 소매치기나 침입절도 발생을 나타내는 지도와 거의 일치하지 않고 있다. 실제로 일어난 범죄발생과 거주민의 인지지도 간에는 커다란 차이가 있다. 방범대책이라는 점에서 거주민이 이 차이를 이해할 필요가 있다고 생각한다.

　메구로 경찰서에서 인터뷰한 결과, 최근 소매치기에는 오토바이가 빈번히 사용되고 보도와 차도가 분리되지 않은 길에서 많이 발생한다는 것을 알 수 있다. 또한 나카메구로 지구의 특징인 급경사 도로가 많은 것, 피해자는 20~60세 여성이 많은

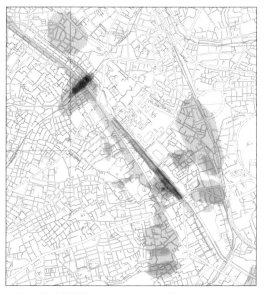

그림 16. 범죄 위험성이 높다고 신고된 지역

선택인원수

0 1 2 3 4 5 6

그림 17. 실제 범죄 위험성이 높은 지역

침입절도 10~14건

침입절도 7~9건

침입절도 4~6건

침입절도 1~3건

소매치기 지점

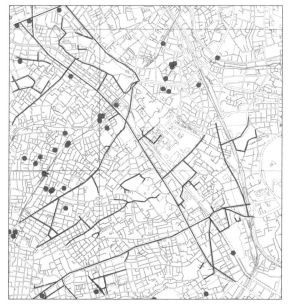

보행 · 주행 분리보도

소매치기 지점

그림 18. 보행 · 주행 분리부도와 소매치기 범죄

그림 19. 사고발생지도

그림 20. 사고불안의 인지지도

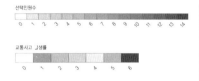

그림 21. 그림 19와 20을 중첩한 지도

도시의 프롬나드

것, 점심시간과 22시 이후에 발생하는 것 등을 알 수 있다. 오토바이를 이용한 소매치기범은 피해자가 쫓기 어려운 경사로를 범행장소로 택하는 것을 알 수 있다.

따라서, 이러한 점을 GIS지도에서 검증할 수 있는지를 검토했다. 그림 18은 보도와 차도의 분리유무를 표현한 지도와 소매치기 범죄지도를 중첩시킨 것이다. 소매치기 범죄는 혼잡한 나카메구로 역 부근을 제외하면 대부분이 보도와 차도가 분리되지 않은 한적한 주택가에서 발생하고 있는 것을 알 수 있다. 또한 경사도로의 지도, 소매치기 범죄지도, 자주 이용되는 보행도로 지도들을 GIS에서 중첩시키면, 경사도로의 주변에서 소매치기 범죄가 일어나는 것을 알 수 있다.

4. 인지하기 쉬운 사고의 위험

다음으로 사고안전성에 관해서 살펴본다.

그림 19는 경찰청 홈페이지에 공개된 자료를 기초로 해서 나카메구로 지구의 모든 교통사고 데이터를 추출하고 사고발생률을 표현한 GIS지도다. 색의 농담으로 표현한 것과 같이, 교통사고는 나카메구로 역과 에비스 역 주변에 집중해서 발생하고 있지만, 야마테도오리와 메구로도오리 주변에서도 비교적 많이 발생하고 있는 것을 알 수 있다.

그림 20은 교통사고의 위험이 높다고 느끼는 지역에 대한 인지지도를 중첩시켜 사고발생불안을 색의 농담으로 표현한 GIS지도다. 나카메구로 역과 에비스 역 주변뿐만 아니라 야마테도오리 일대, 야마테도오리와 메구로도오리의 교차점 부근도 사고위험성이 높은 지역으로 평가하고 있다.

또한 그림 21은 위의 2개 지도를 중첩시킨 것이다. 실세 사고발생률이 높은 지역과 거의 일치하고 있고, 나카메구로 역 주변에 집중하고 있다. 이것은 많은 교통량, 속도, 많은 보행자 등의 정보가 교통사고의 위험성을 예상하고 있는 것이라고 보이고, 실제 사고발생률과 거의 일치하고 있다.

5. 앞으로 GIS시스템의 활용과 과제

GIS시스템은 최근에 활용되기 시작한 수법이지만, 현재 다양한 분야에서 급속히 보급되고 있다. 그러나, 거주민이 거리 환경을 어떻게 평가하고 있는지, 그 심리적인 평가구조를 파악하거나 인지지도와 실제 기능지도 정보를 비교, 평가해서, '마을만들기'를 위한 정보로 활용하려는 시도는 거의 행해지지 않고 있다. 이번에 새로운 시도로 검토하였는데, 앞으로 더 많은 활용을 기대할 수 있을 것이다.

이번의 검토에서는 거리의 매력 포인트, 범죄위험성, 사고위험성이라는 3가지 항목을 예로 들었지만, 각각의 항목평가치를 상대화한 수치로 표시할 수 있다. 그것들을 각각의 매력축, 범죄 안전축, 사고 안전축이라는 3차원으로 표현하고 전형적 형식인 벡터로 표현한 것이 그림 23이다.

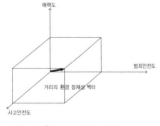

그림 23. 환경 잠재성의 개념

벡터의 방향과 각 평가축의 수치가 거리의 특징을 나타내는 것이 된다. 벡터의 스칼라 양의 크기가 환경의 질을 나타내는 것으로 볼 수 있다. 이것을 거리의 GIS지도 위에 작은 거리단위로 구분하여 각각의 단위에서 상대화한 여러가지 바람직한 평가치와 그렇지 못한 평가치에 대한 라스타연산을 하면, 그것은 각 구분단위의 지역에서 거리환경의 질을 표현하는 것이 된다. 이러한 환경의 질을 '환경 잠재성'이라 부르며, GIS지도 위에 작은 지구단위별로 연산해서 구할 수 있게 된다.

$$\mu T = | \ \mu a \cdot x + \mu b \cdot y + \mu c \cdot z \ |$$

여기에서

x, y, z : 단위벡터

μT : 환경 잠재성

μa : 매력도 잠재성

μb : 범죄안전 잠재성

μc : 사고안전 잠재성

실제 데이터를 가지고 산정하면, 거주민의 인지지도에 표시했던 평가와 반드시 일치하지는 않는다. 그 차이 자체가 마을만들기를 위한 중요한 정보가 된다고 생각한다.

앞으로 이러한 사고방법을 전개할 때 해결해야 할 과제 몇 가지를 다음과 같이 열거한다.

① 거리의 환경정보로 검토해야 할 요인은 무수히 많다. 거주민의 환경평가에 영향을 주는 거리환경의 지원성을 어떻게 체계적으로 추출할 것인가라는 방법론을 확립할 필요가 있다.

② 추출된 거리환경의 지원성을 표시한 GIS지도와 항목에 관한 실제 데이터 간의 상관관계를 정량적으로 논의할 수 있는 방법론을 확립할 필요가 있다.

③ 여러 거리환경에 대해 작성한 지원성을 표시한 GIS지도를 어떻게 종합해가느냐 라는 방법론을 확립할 필요가 있다.

④ 이러한 거리평가의 방법론이 다양한 '마을만들기' 운동 중에서 어떤 경우에서 유효한가를 고려할 필요가 있다.

환경 잠재성은 거리의 GIS지도 상에서 작은 지구단위로 구분하여 각각이 가진 환경의 질을 정량적으로 평가하기 위한 개념으로 정의하였다. 이러한 예에서 말한다면, 환경 잠재성은 그림 23과 같은 3차원 벡터로 표현했을 경우의 스칼라 양이라는 것이 된다.

5-5 평가구조의 파악과 합의형성

지금까지 본 바와 같이, 거리환경으로부터 얻은 정보는 경우에 따라 현실을 반영하기도 하고 그렇지 않기도 한다. 거주민이 거리환경을 평가하기 위해 공통으로 지니고 있는 환경정보가 존재하고, 거주자는 그것을 획득하기 위해서 거주행위, 경험, 환경에 대한 반응 등에 의존하고 있다고 본다. 따라서, 이러한 차이가 평가에 영향을 주는 것이라고 생각한다면, 이러한 차이를 파악하는 방법은 마을만들기를 위해 합의를 형성할 때 유효한 도구로 활용될 수 있을 것이다.

1998년에 제정된 특정비영리활동촉진법NPO법을 계기로 NPO법인이 계속 설립되어 마을만들기 운동이 전국적으로 확산되고 있다. 또한, 2000년에 시행된 지방분권일괄법도 시민에 의한 마을만들기 운동과 지방행정 간의 연계를 강화하는 방향으로 작용하고 있고, 2004년 시행된 경관법은 바람직한 경관에 관한 합의형성을 촉진시키는 것으로 작용할 것이다. 지방공공단체, NPO법인, 시민 등이 협동해서 마을만들기 활동을 하기 위한 조건도 계속해서 정비되고 있다.

도시재생을 위한 거주원리로 NPO 및 시민단체의 의향을 반영시킨 마을만들기를 고려할 때 거주자 모두의 동의를 얻기 위한 합의형성은 꼭 필요하지만, 현재 수많은 마을만들기 운동이 난관에 직면해 있고 그것의 어려움이 재인식되고 있다. 거주민이 자신의 거리를 어떻게 평가하고 있는가, 그러한 평

특정비영리활동 촉진법(NPO법)[27]

비영리단체를 대상으로 1998년 12월에 시행된 법률로, 통칭 NPO법(비영리단체: Non-Profit Organization법)이라고 부른다. 이 법률에 근거해서 2003년 11월을 시작으로 14,000개 이상의 단체가 NPO로 인정받고 있다. 2003년 5월 개정에서 비영리활동 분야의 대상도 지금까지의 12분야에서 17분야로 확대되었다. 마을만들기 추진활동의 분야는 2003년 9월을 시작으로 법인수가 5,000을 넘게 되었다. 지방분권일괄법의 성립에 이어서 행정과 시민활동을 중개하는 활동을 통해 앞으로 다양한 마을만들기가 시민의 손에 의해서 적극적으로 추진될 것으로 기대한다.

지방분권일괄법[28]

지방분권을 추진하기 위해서 2000년 4월 시행된 법률이다. '지방분권의 추진을 위한 관계법률의 정비 등에 관한 법률'이 정식명칭이다. 일본에서는 약 1,700개의 법률이 존재하는데, 이 법률은 지방분권을 추진하기 위해서 전체 법률의 1/3에 해당하는 475개의 법률을 대상으로 일괄 개정되었다. 이것에 의해 지방자치단체로의 권한위임과 주민과의 의사소통이 진행될 것으로 예상되고, 앞으로의 마을만들기 운동이 한층 더 발전하는 계기가 될 것으로 본다.

경관법[29]
2004년 12월에 시행된 법률이다. 경관법, 동법시행관계정비법, 도시녹화보전법 등 일부를 개정하는 법률을 합쳐서 경관녹3법이라고 부른다. 경관행정의 주체가 지방자치단체로 이관되고 권한이 강화됨과 함께, 경관계획의 책정에 주민과 NPO법인도 제안할 수 있게 되고, 주민과 NPO법인의 의견이 반영될 것이다.

가구조 안에 공통된 평가요인과 그 구조를 조금이라도 명확히 할 수 있다면, 그것은 합의를 형성해나가는 데 있어서 커다란 참고가 될 것이다.

이번에 소개한 심리적 환경평가 구조의 파악을 위한 몇 가지 방법론은 완전하게 완성된 것이 아니지만, 여러 가지 개량과 응용을 통해서 마을만들기 계획을 책정하고 합의를 구할 때 활용되기를 기대한다.

참 고 문 헌

1) 植田和弘、神野直彦、西村幸夫、間宮陽介編「岩波講座5 都市の再生を考える 公共空間としての都市」岩波書店、2005

2) 讃井純一郎、乾正雄「レパートリーグリッド発展手法による住環境評価構造の抽出 認知心理学に基づく住環境評価に関する研究(1)」「日本建築学会論文報告集」No.367、1986

3) 讃井純一郎、乾正雄「個人差および階層性を考慮した住環境評価構造のモデル化、認知心理学に基づく住環境評価に関する研究(2)」「日本建築学会計画系論文報告集」No.374、1987

4) 吉冨加伸子、小畑水穂、橋本修左「評価グリッド法を用いた都市街路景観調査」「日本生理人類学誌」vol.7(2)、2002

5) 香川隆英「京都北山における人工林のアメニティに関する研究」「造園雑誌」54(4)、1991

6) 日本建築学会編「よりよい環境創造のための環境心理調査入門」技報堂出版、2000

7) 包清博之「都市における生活関連空間の計画論的意義に関する研究」「ランドスケープ研究」No.64(2)、2000

8) 網藤芳男、村川三郎、西名大作、関根範雄「緑の多面的機能の評価と緑の構成要素の認知との関係」「日本建築学会計画系論文集」No.526、1999

9) 網藤芳男、村川三郎、西名大作、関根範雄「地図指摘法を用いた緑の認知と評価」「日本建築学会計画系論文集」No.506、1998

10) 田中貴宏、新谷由紀子、佐土原聡、村上處直「自然性の異なる緑地に対する住民の評価の相違に関する調査 自然性の高い都市内緑地の必要性に関する研究その1」「日本建築学会大会学術梗概集」1997

11) 児島隆政、古谷勝則、油井正昭「自然環境における好ましさの評価構造に関する研究」「ランドスケープ研究」No.58(5) 1995

12) 横川洋也、鈴木誠、進士五十八「視距離による樹木の見え方・感じ方に関する研究」「ランドスケープ研究」No.61(5)、1998

13) 小畑水穂「緑の嗜好性とパーソナリティの関連性について」武蔵野女子大学卒業論文、2002

14) 吉田富雄編、堀洋道監修「心理測定尺度集II 人間と社会のつながりを考える」サイエンス社、2001

15) ギブソン「生態学的視覚論」サイエンス社、1985

16) 佐々木正人「アフォーダンス 新しい認知の理論」岩波書店、1994

17) 荒井良雄、岡本耕平、神谷浩夫、川口太郎「都市の空間と時間-生活活動の時間地理学」古今書院、1996

18) T.R.Stewart, P.Middleton, M.Downton, and D.ELY：JUDGEMENTS OF PHOTOGRAPH vs. FIELD OBSERVATION IN STUDIES OF PERCEPTION AND JUDGEMENT OF THE VISUAL ENVIRONMENT, journal of Environment Psychology, pp.283-pp.302, No.4, 1984.

19) R.B.Hull,and W.P.Stewart：VALIDITY OF PHOTO-BASED SCIENTIC BEAUTY JUDGEMENTS, journal of Environment Psychology, pp.101-pp.114,No.12,1992

20) 麻生恵「視知覚分析からのランドスケープ研究」「ランドスケープ研究」No.58(3)

21) M.G.Turner、R.H.Gardner、R.V.O'Nell著、訳「景観生態学」文一総合出版、2004

22) 小出治、樋村恭一「都市の防犯」北大路書房、2003

23)「まっぷるマガジン 東京2004年度」旺文社

24)「首都圏ロード再度郊外型チェーン店便利ガイド」昭文社

25) 警視庁HP：
http://www.keishicho.metro.tokyo.jp/

26) 中目黒区役所都市整備部都市計画課資料

27) http://ron.gr.jp/

28) http://www.pref.kanagawa.jp/

29) http://www.npoweb.jp/

Chapter 06

걷고 싶은 생활환경의
실현을 향하여

6-1 조사와 분석수법의 활용을 향하여

　지금까지 각 장에서 서술한 것처럼 커다란 시대적 전환점을 맞이하여 마을만들기의 과정도 크게 변화하고 있다.

　고도 경제성장이 끝나고 행정이 마을만들기에 지원하는 비용이 없어져 버렸다. 탁상행정에 치우친 마을만들기를 이 책에서 제안한 것처럼, 여러가지 문제를 종합적으로 접근한 마을만들기로 변화시킬 수 있을 것이다.

　제1장의 도시 거주민에게 설문조사를 한 결과, 다음과 같은 것을 알 수 있었다. 즉, 눈에 보이는 것만이 아니라 '아이덴티티', '휴먼스케일', '커뮤니케이션'이라는 눈에 보이지 않는 면에 충실히 대응했다는 인식이 높은 것을 확인하였고, 특히 도쿄도 구지역區地域 거주자는 대중교통, 자전거와 보행을 중심으로 지속 가능한 생활을 실천하고 있는 것을 알 수 있었다.

　또한, 경관법의 취지처럼 그 거리에 사는 주민도 행정에게만 의존하지 않고 스스로 거리를 어떻게 발전시키고 싶은지, 자신의 생활을 더 풍요롭게 하기 위해서 거리가 어떠해야만 하는지 등을 진지하게 생각하고 행동에 옮길 필요가 있다.

　1장에서 소개한 독일 뮌헨 시의 예와 같이 주민이 공통된 의식을 가지고 목소리를 높여 행동한다면 이상적인 마을만들기가 실현될 것이다. 일본도 드디어 그러한 시대가 되고 있다. 따라서 중요한 것은 주민 한 사람 한 사람이 그것을 인식하는 것이다.

그러나 거리를 어떻게 발전시키고 싶은가 등은 그렇게 간단하게 여길 것이 아닐지도 모른다. 현재 자신의 거리가 어떠한 상태인가를 스스로의 눈으로 확인해보는 것부터 시작하기를 바란다. 제2장에서 소개한 '걷고 싶은' 거리의 매력, 스스로 느끼는 무언가가 거리에 수없이 존재해 있다는 것을 알아차리게 될 것이다.

이렇게 해서 거리에 대한 바람과 희망을 품는 사람들이 많아지게 된 후, 그 의견과 아이디어들을 실제 마을만들기에 활용하지 않으면 안 된다. 그러나 막연한 이미지를 구체적인 기획과 계획으로 발전시키기에는 상당한 전문성과 경험이 필요하다. 거꾸로 행정과 계획자가 주민의 바람과 이상을 듣고 추출해낼 필요가 있을지도 모른다. 제3장에서 소개한 패턴을 이용한 거리의 조사와 분석수법은 누구라도 알기 쉬운 단어로 각 개인이 느끼는 거리의 매력을 패턴 카드로 표현할 수 있게 할 것이다. 그러한 방법은 거리의 특징과 특성을 정량적으로 평가할 수 있게 한다.

제4장에서 소개한 것처럼 수집된 패턴을 GIS를 이용해 지도에 전개시킴으로써, 주민과 계획자는 거리의 어디가 매력 넘치고 보존되어야 할 장소인지, 개선되어야 할 장소인지를 일목요연하게 파악할 수 있을 것이다. 앞으로 인터넷을 이용하여 주민, 계획자, 개발자, 행정 간에 정보를 공유하고 새로운 정보를 더해 가며 의견을 교환하는 것이 마을만들기에 있어서 중요하다.

더욱이, 제5장에서 소개한 평가 그리드법에 의한 환경평가는 주민과 전문가 간의 인식차이를 명확히 하고 있다. 또한 그것은 진정한 요구를 파악하고 정당한 계획안의 배경이 되는 데이터로 활용할 수 있게 된다.

이상과 같이 각 장에서 제안한 거리의 조사, 분석수법은 마을만들기에 관여하는 다양한 사람이 여러 가지 장면에서 이용할 수 있다표 1. 앞으로 마을만들기에서는 주민측과 계획자측 쌍방이 공통된 의견을 지니고 서로 생각을 알기 쉽게 전달하는 것이 필요해질 것이다. 이 책에서 소개한 수법은 그것을 위한 도구로 활용될 수 있을 것으로 기대한다.

표 1. 이 책에서 소개한 조사 및 분석수법 특성정리

	제3장 점으로 다룬다		제4장 면으로 다룬다		제5장 의식으로 다룬다	
조사 · 분석 명칭	패턴조사	기리의 특성 분석	설문조사(부행환경 설문조사)	GIS에 외한 정보 정리, 분석	평가 그리드법	지원성
목적 (무엇을 위하여)	-주민 스스로에게 거리의 매력을 재인식시켜 마을만들기에 관심을 가지도록 한다. -마을만들기의 목표 이미지 공유를 위한 커뮤니케이션	-거리의 개성에 관하여, 전체적 특성 파악	-주민이 느끼는 거리의 매력요소의 분석, 일상적 보행로의 파악	-매력요소의 효과적 배치 -중점적 정비가 필요한 골격적 도로의 파악 -전체 도로에 대한 매력도 향상	-거리의 어떠한 환경요인에 가치를 두고 있는가를 주민 스스로가 명확히 한다.	-자신이 살고 있는 거리를 어떻게 하고 싶은가에 대한 공유의식의 획득
내용 (무엇을 하는가)	매력요소의 추출, 데이터베이스화	거리의 개성에 관하여 현상분석 및 평가	매력요소의 추출, 행동범위의 추출, 데이터베이스화	-주민의 보행환경과 거리의 매력과의 관계 분석	자신이 살고 있는 거리환경을 어떻게 평가하고 있는가, 그 평가의 의식구조를 명확히 한다.	거리의 환경요인이 어떻게 주민의 환경평가에 관련되어 가는가, 그것의 공통되는 인과적 심리적 구조를 명확히 한다.
대상(누가)	주민, 마을만들기 NPO, 전문가	마을만들기NPO, 전문가	주민, 마을만들기 NPO, 전문가	마을만들기 NPO, 전문가	주민(피실험자) 전문가(실험자)	주민(피실험자) 전문가(실험자)
결과물	-패턴 카드, 거리의 매력요소 일람	-거리의 개성(패턴의 다양성, 복합성)	-길의 이용에 관한 현상평가 지도 -매력요소의 분포 지도	-보행권의 현상황 평가	-주민의 거리환경의 평가구조도	-인과관계가 고려된 주민평가구조모델 -모델의 타당성, 각 요인의 기여도
수법 (어떻게)	-거리걷기	-다양성 지수 -중복성, 중층성 -스케일의 분석	-현상분석	-GIS에 입력 -정보 정리	-경관사진을 이용한 인터뷰 조사 -조사결과를 그리드법에 의해서 구조화	-환경평가 설문조사 -현지관찰조사 -조사결과를 GIS에 정리
실시에 필요한 도구	카메라, 지도, 단어	패턴 카드	질문표, 지도, 우편 이용의 경우는 반송용 우편	GIS 소프트프로그램	제시자극용의 거리 경관사진	질문표, GIS소프트, 통계 소프트프로그램(인자분석, 공분산구조분석)
실시 난이도	조금 쉽다	어렵다	보통(우편발송을 하는 경우 비용이 든다)	조금 어렵다	조금 어렵다(인터뷰, 정리방법 기술)	어렵다(설문조사 숙련, GIS조작, 다변량해석)

6-2 성숙한 사회에서 마을만들기

앞으로 마을만들기는 주민과 마을만들기 NPO, 행정, 컨설턴트, 설계자, 부동산 개발업자, 건설회사 등 점점 더 관여자가 다양해지고 한쪽 의사만으로 결정되지 않을 것이다.

또한, 행정이 일방적으로 강요하는 지금까지의 방법과는 다르게, 주민 스스로가 적극적으로 제안하고 마을만들기에 주체적으로 관여할 것이다.

여기서는 앞에서 소개한 조사 및 분석수법을 어떤 장면에서 누가 활용하고, 어떻게 도움이 될 수 있는가에 대하여 구체적으로 제안한 후에 이 책을 맺고자 한다.

1. 행정: 마을만들기를 지향한 거리의 운영관리

이 책에서 소개한 '패턴'은 거리에 존재하는 자연, 역사, 공간, 커뮤니티 환경의 기반으로서, 거주라는 시점에서 '생활의 질'을 실현하기 위해 유지, 육성, 창조해야 하는 거리의 매력 그 자체인 것이다.

패턴 카드에서 얻은 정보의 시계열적 축적은 앞으로 마을만들기를 위한 계획, 설계요소, 디자인 코드, 거리의 기억을 축적할 수 있게 한다. 또한, 주민의 거리이용에 대해 지속해서 파악하면 보행환경으로서 거리의 최신 상태를 진단할 수 있다.

더욱이 축적된 정보를 주민끼리 공유하면 거리의 애착을 높이고, 그를 위한 구체적인 활동으로 이어질 것으로 기대한다.

2. 계획자: 거주민 입장에서의 마을만들기

앞으로 마을만들기는 계획에 관여하는 기업의 사회적 책임을 물을 것이다. 즉, 지역의 기후와 자연환경이라는 측면은 당연하고 그 지역의 역사와 문화적 배경을 고려한 디자인 및 재료의 선택 등, 모든 의미에서 성공적으로 유지할 필요가 있는 것이다.

주민이 자신의 거리 어느 곳에 매력과 가치를 느끼고 거리의 아이덴티티로서 인식하고 있는가를 미리 명확히 한 후에 계획하는 것도, 앞으로 마을만들기에 있어서의 사회적 책임이라고 말할 수 있다.

거리의 매력과 보행환경에 대한 광범위한 질문은 생활자의 시점에서 거리의 구조를 특징지을 수 있게 해줄 것이다. 거주민이 걸을 때 바라는 조건은 평가축의 단서로 활용할 수 있다.

마을만들기 관여자는 주민의 시점을 고려하여 이러한 평가축을 찾아내고, 그것들을 공유하면서 거리를 평가하는 것을 통해서 '걷고 싶은 생활환경'의 정비를 위한 구체적 단서를 찾을 수 있다.

그것에 덧붙여 거리의 특성이 파악된 코드를 기본으로 하여 계획한다면, 계획자는 직접 마을만들기에 참가하지 않고도 주민의 의사를 반영하여 주민을 만족시킬 수 있을 것이다.

3. 주민: 주민 스스로에 의한 마을만들기

앞으로 자신이 원하는 환경을 실현하기 위해서는 주민 스스로가 기획하고 주체적으로 관여하는 것이 필요하다.

주민이 주체가 된 마을만들기는 주민의 공통의식을 육성하고, 마을만들기 이미지를 공유하며, 목표를 하나로 모을 필요가 있다.

마을만들기의 기반인 지역자원에 대한 질을 표현하는 수법인 패턴 카드법은 주민이 지역을 이해하고 커뮤니케이션을 행하는 데 있어서 효과적이다.

패턴이라는 구체적 이미지를 기본으로 마을만들기의 장래상에 관한 워크숍과 의견교환을 반복함으로써, 서서히 마을만들기의 이미지가 명확해지고 합의에 이를 수 있는 것이다.

4. 계획자와 주민: 마을만들기에서 주민참가

마을만들기 관여자에게 주민과의 관계는 지금 이상으로 중요해 질 것이다. 그것은 주민과의 쓸모 없는 마찰을 회피한다는 위험삭감이라는 소극적 이유뿐만이 아니라, 적극적으로는 마을만들기에 주민참가를 촉진시키는 등, 다양한 수준에서 고려된다.

주민참가형 마을만들기의 시행은 이벤트와 같은 형식으로 주민과 함께 거리를 걸어도 좋고 각 개인이 일상생활에서 수집한 패턴 카드를 사용해도 좋다. 또한 더 많은 사람의 정보를 수집하기 위한 설문조사도 효과적인 수단이다.

또한, 주민과 마을만들기 관계자가 정보를 상호 교환하고 분석, 정리하는 과정을 함께하여 결과를 공유하는 것도 중요하다. 이때, GIS를 이용한 조사, 평가정보의 통합은 모든 관계자에게 '알기 쉽게' 제공하기 위한 유용한 수단이 된다. 지도에서 거리의 현상을 파악하는 것은 거리의 장래 비전에 관한 이미지 창조에 도움이 된다.

이러한 것처럼 마을만들기에 내한 논의에 수많은 주민이 참가하고, 어떠한 마을만들기를 행할 것인가, 또 어떠한 거리를 원하고 있는가를 서로 깊게 생각하기 위한 도구로 활용할 수 있다.

또는, 수집된 패턴 카드를 기본으로 설계에 관한 모든 조건을 추출하거나 알렉산더의 패턴 랭귀지 사고방법을 응용한다면, 이미지를 구체화하는 계획도구로 활용할 수도 있을 것이다.

아이디어 회의부터 기획, 계획을 거쳐, 실제 거리의 형태가 되기 위해서는 시간이 소요된다. 따라서 관련된 사람이 바뀌어도 그때까지의 경위와 의사결정 과정이 잘 정리되어야 한다. 패턴 카드와 GIS를 이용한 데이터베이스는 누가, 언제, 무엇을 결정했는가를 명료하게 하고, 그때까지의 작업내용을 반성해 볼 수 있게 해준다.

5. 앞으로의 전망 – 지속 가능한 도시환경의 실현을 향하여

걷고 싶은 생활환경은 도시생활자의 표출된 요구를 만족시키는 것뿐만이 아니라, 사회적 의의에서 볼 경우에 지속 가능한 도시환경의 실현을 위한 기본요건으로 간주될 수도 있다.

거리에 대해 애착과 매력을 느끼게 하는 '아이덴티티', 도시생활을 보행하면서 쾌적하게 향유할 수 있게 해주는 '휴먼스케일', 다양한 도시생활을 가능하게 하는 기능 및 생활의 매력을 사람과 사람을 통해서 이어주는 '커뮤니케이션'과 같이, 도시 거주민이 가까운 곳에서 실감할 수 있는 살기 편안함인 것이다. 이와 같이 생활환경이 충실하게 배려된 도시 거주환경의 실현은 진정으로 성숙된 도시문화의 실현을 가능하게 해줄 것이나.

도시의 프롬나드

앞으로 마을만들기와 거리의 활성화를 실천하는 데 있어서, 거주민의 시점에서 거리의 매력과 가치를 평가하고 분석하는 것이 반드시 필요하다.

그렇게 하기 위해서, 생활자의 시점을 정확하게 전문가에게 전달하고 전문가의 계획안을 생활자의 시점에서 검토하는, NPO의 역할이 점점 중요하게 될 것이다. 이 책에서 제안한 시점들은 각각의 거리가 갖고 있는 과제와 목표 이미지를 명확하게 하고 그 근거를 제시하게 함과 동시에, 계획의 의사결정을 지원하는 도구로서 도움이 될 것이다.

앞으로 도시 거주환경은 거주민에게 풍부하고 유익한 것이 되어서 지속 가능한 사회에 부응하는 사회, 환경, 문화적으로 성숙한 도시환경이 실현될 것으로 보고 있다.

　　도시거주환경연구회는 거주공간으로서 도시의 존재상을 명확히 하며 마을만들기와 환경평가 등과 같이 도시거주를 소프트한 면에서 파악하는 연구개발을 하고 있다. 위원의 전문분야는 도시계획, 건축계획 및 설계, 환경계획 및 평가, 환경심리, 사회조사 등 다방면이다. 우리의 활동은 (사)신도시하우징협회에 소속되어 도시거주의 추진에 기여하는 조사, 연구를 담당하고 있다.

　　이 책은 연구회가 2001년부터 2005년까지 약 4년 간에 걸쳐 연구해 온 '걷고 싶은 생활환경도시거주의 매력을 형성하는 요소와 그것의 조사 및 평가수법에 관한 보고'에 관한 연구성과다. 2001년 8월, (사)신도시하우징협회는 도시재생을 거주의 측면에서 파악하는 제안으로서 '다양한 사람이 정책해 살 수 있는 거리'를 발표하였다. '걷고 싶은 생활환경'은 그 제안을 실현하기 위한 모델 이미지인 것이다. 제안은 지방자치단체와 컨설턴트 단체 등 다양한 분야로부터 관심을 받았고, 연구회, 전시회, 마을만들기 정보교환회 등에서 소개되었다. 그러한 발표의 기회들을 통해서 다시 인식한 것은 이 책의 과제인 주민들이 자신의 거리와 지역의 매력을 재발견하고 공유할 필요성이다.

　　거리의 공간과 경관은 그것의 형태적 특성과 주민생활과의 관계를 통한 상승효과에 의해 그 지역만의 것으로 의미 부여된다. 아름다운 거리와 정감있는 경관은 건축만으로 성립하지 않고 사람들과 그들의 활동을 지원하는 공간적, 사회적 문맥을 필요로 한다. 그곳에는 사업자, 계획자, 주민, 행정이 연계해서 마을만들기에 관여하는 의의를 가진다. 그러한 관계자들 간에는 지역성을 기반으로 하는 마을만들기 이미지를 공유할 필요가 있다.

우리는 이러한 공공 이미지public image와 같은 개념으로 '걷고 싶은 생활환경'을 고려하고, 주민이 주체가 되어 지역의 가치를 부여하는 도구로서, 거리의 매력을 점요소, 면이어짐, 의식평가 구조로 파악하는 수법을 개발했다. 이러한 수법들에는 우리의 전문분야인 심리학, 환경정보시스템, 생태학의 기술 등이 반영된 것이다.

　　그렇지만, 그러한 수법들은 보완할 필요가 있다고 누구보다도 잘 인식하고 있다. 이번에 이러한 형식으로 발표한 것은 이 책에 대한 사회의 평가를 앞으로의 연구개발에 피드백시키고 계속 살고 싶은 도시 거주환경의 실현에 공헌하고 싶다는 의도가 있었다. 사례로 소개한 뮌헨, 야나카, 다이칸야마와 같이 생활하기 편하고 자부심을 가질 수 있는 도시 만들기에 일조할 수 있다면, 그것 이상의 영광은 없을 것이다.

　　이 책의 내용은 1997년에 발족한 도심거주환경문제연구회에서 시작한 논의와 성과를 기초로 하고 있다. 센다이 시, 마츠야 시, 나나오 시, 구라나 시 등 도시재생본부의 여러분에게 마을만들기에 관한 충고와 정보교환을 감사히 받았다. 또한 이 책을 집필하기 시작한 때부터 1년 이상 보살펴주고 최후까지 정력적으로 작업해주신 가지마鹿島 출판사의 구보다 씨에게 감사를 표하고 싶다.

2006년 3월
저자를 대표하여
나스 마모루

집필자 소개

도시거주환경연구회회원

주사   나수 마모루那須守(시미즈건설)

위원   아사쿠라 요시오淺倉与志雄(생활 디자인 센터)

          사이토 이치히코齋藤一彦(야마시타설계)

          다카세 다이키高瀬大樹(시미즈건설)

          다무라 신이치田村愼一(카지마건설)

          시루 히데치汁秀治(쿠메설계)

          하시모토 슈사橋本修左(무사시노대학)

          야쿠시지 히로치藥師寺博治(미츠이스미토모건설)

          요코타 기히로橫田樹廣(시미즈건설)

협력위원   고토 고우미츠後藤幸三(고토코우미츠환경건축설계)

사무국   다무라 교田村曉(신도시하우징협회)

참여위원(1997~2004년도)

          기코마 데츠오生駒哲夫(시미즈건설)

          이토 구니오伊藤邦男(동경가스)

          카와무라 준지河村順二(하세코포레이션)

          사토 츠요시佐藤毅(동경가스)

          다하라 야수히코田原靖彦(동북문화학원대학)

          니시오 신이치西尾新一(미츠이스미토모건설)

          도우모리 기메이藤盛紀明(시미즈건설)

          와다 이쿠코和田育子(동경가스)

          오치쿠 히토오大築民夫(사무국)

          히로세 미치코우廣瀨道孝(사무국)

          혼바시 히데세本橋秀世(사무국)

본서집필자 아사쿠라 요시오淺倉与志雄

          다카세 다이키高瀬大樹(시미즈건설)

          고토 고미츠後藤幸三

          나수 마모루那須守

          요코타 키히로橫田樹廣

          하시모토 슈사橋本修左

집필협력자 다치가와 코우코立川公子(무사시노대학대학원)

사단법인 신도시하우징협회

도쿄도 미나토구 도라노몬 1-16-17

도라노몬 센터 빌딩5층